中国式现代化金融理论丛书

中国碳市场发展理论与实践问题研究

Research on the theory and practice of Chinese Carbon Markets

杜坤海　王　鹏　崔宗标 ◎ 编著

中国金融出版社

责任编辑：王　君
责任校对：孙　蕊
责任印制：陈晓川

图书在版编目（CIP）数据

中国碳市场发展理论与实践问题研究/杜坤海，王鹏，崔宗标著．—北京：中国金融出版社，2024.2
ISBN 978－7－5220－2291－8

Ⅰ．①中…　Ⅱ．①杜…②王…③崔…　Ⅲ．①二氧化碳—排污交易—市场分析—研究—中国　Ⅳ．①X511

中国国家版本馆 CIP 数据核字（2024）第 030529 号

中国碳市场发展理论与实践问题研究
ZHONGGUO TANSHICHANG FAZHAN LILUN YU SHIJIAN WENTI YANJIU
出版发行　中国金融出版社
社址　北京市丰台区益泽路 2 号
市场开发部　(010)66024766，63805472，63439533（传真）
网 上 书 店　www. cfph. cn
(010)66024766，63372837（传真）
读者服务部　(010)66070833，62568380
邮编　100071
经销　新华书店
印刷　北京七彩京通数码快印有限公司
尺寸　185 毫米×260 毫米
印张　7.5
字数　145 千
版次　2024 年 2 月第 1 版
印次　2024 年 2 月第 1 次印刷
定价　39.00 元
ISBN 978－7－5220－2291－8
如出现印装错误本社负责调换　联系电话（010)63263947

本书为西南财经大学中国金融研究院、金融学院策划的“中国式现代化金融理论丛书”之一，受西南财经大学习近平经济思想研究院（一流学科培优集成创新平台）和中国特色金融（保险）理论创新团队资助

前　言

当前，气候变化问题广受全球重视。2020年9月22日，习近平主席在第七十五届联合国大会一般性辩论上郑重宣布，中国二氧化碳排放力争于2030年前达到峰值（碳达峰），努力争取2060年前实现碳中和。“双碳”目标体现了中国推动构建人类命运共同体的使命担当，也是中国高质量发展的内在要求。“双碳”目标对产业节能减排乃至经济发展模式都提出了新要求，而碳市场是这一过程中的核心政策工具之一。

中国从2013年开始陆续在深圳、北京、上海、广东、天津、湖北、重庆、福建等8省市开展了碳排放权交易试点。试点碳市场覆盖了各地主要的高排放行业，总覆盖二氧化碳排放规模约11亿吨，仅次于欧盟碳市场。地方碳市场建设为全国碳市场建设摸索了制度，锻炼了人才，积累了经验，奠定了基础。2021年7月16日，全国碳排放权交易市场开市，并成为全球覆盖温室气体排放量规模最大的市场。截至2022年12月22日，全国碳排放权交易市场累计成交额突破100亿元大关。

然而，在我国碳市场不断快速发展的同时，也必须清楚地看到，我国碳市场还不够成熟，存在市场流动性不足、覆盖范围较小、交易品种单一、投资者参与度低、碳价格差异明显等诸多问题，碳市场运行机制设计有待进一步完善。此外，相比其他金融市场，碳市场容易受到大国气候博弈等诸多因素的冲击，这些使碳价格有更高的概率出现非对称波动和极端波动的情形。因此，对于碳市场当前及未来可能的参与者而言，不能将目光仅仅停留在碳价格正常波动范围之内，碳价格随时间变化的非对称特征和极端波动特征同样需要得到足够的重视。

基于以上认识，本书着眼于我国碳市场发展中的相关理论与实践问题研究。具体可以分为两大部分内容：

第一部分系统梳理国内外相关文献，整理欧盟与我国碳市场发展历史，明确碳市场发展的经济学理论基础，在统一的理论框架下对我国碳市场需求与供给、覆盖范围、配额总量与分配等关键问题展开经济学分析，并评估我国碳市场发展的环境效应与福利效应，最后对比、总结试点碳市场在覆盖范围、分配机制、抵消机制等运行机制设计上的差异与共性，以帮助读者更好地理解碳价格波动特征。

在第一部分的基础上，第二部分聚焦研究碳市场波动特征及风险状况。在描述碳市场波动特征时，本书突破现有研究的“均值—方差”二维框架，全面讨论碳收益率条件方差（二阶矩）、条件偏度（三阶矩）和条件峰度（四阶矩）的时变特征，并对比不同矩属性波动模型的样本外波动率预测精度。在此基础上，运用严谨的后验分析探讨时变高阶矩波动模型在试点碳市场风险测度方面的适用范围和精确程度，并与常数高阶矩波动模型下的相关结果做实证对比研究。最后，从多资产的视角，运用前沿的实证方法，从一阶到高阶的层面，全面揭示能源市场与我国碳市场之间在线性相依性、非对称相依性和极值相依性等层面的风险传染特征。

本书特色在于，将碳市场发展理论与实践动向紧密结合，并运用系统方法和前沿方法展开深入的理论分析与实证研究。取得的相关研究成果可以为碳市场发展过程中的一些关键问题的解决提供科学的视角、方法和结论选择，为政府部门的政策制定及市场参与各方的投资决策提供重要参考。

由于作者水平有限，难免存在错误、疏漏和不足之处，欢迎各界朋友和同仁予以批评指正。

编者
2024 年 1 月

RESEARCH ON THE THEORY AND PRACTICE OF CHINESE CARBON MARKETS

目　录

第一章　绪　　论

第一节　全球碳市场发展背景

气候问题不仅是一个环境问题，更是一个关乎全球发展的问题。科学研究和持续不断的大气监测数据发现，全球气候正在变暖。这种变暖趋势将带来冰川融化、海平面上升以及降雨的不均衡变化等诸多问题，并引起极端天气事件频繁出现，严重影响农业生产和威胁生物多样性安全，进而对整个人类社会发展具有潜在的巨大影响。联合国政府间气候变化专门委员会（Intergovernmental Panel on Climate Change，IPCC）第五次评估报告认为，全球气候变暖可能有95%是人类活动造成的（该比例在第三次报告中仅为65%）。需要指出的是，由于无论是哪个国家在排放温室气体，其对气候的影响都是总体性的，因此解决以气候变暖为核心的气候问题需要国际社会作出协调一致的反应。

IPCC的第一份气候评估报告直接促成了联合国气候变化框架公约（United Nations Framework Convention on Climate Change，UNFCCC）的建立。该公约是全球第一份旨在全面控制二氧化碳等温室气体排放，将温室气体浓度稳定在使气候系统免遭破坏的水平上的国际公约，保障全球经济社会的可持续发展。截至目前，该公约已有约200个缔约方，这些缔约方可以分为三类：第一类称为附件Ⅰ国家，它是指历史上曾经大量排放温室气体的工业化国家，具体包括经济合作与发展组织（OECD）国家，以及俄罗斯、中东欧国家等经济转型国家；第二类专指OECD国家，也就是附件Ⅱ国家；第三类为非附件Ⅰ国家，这类国家主要是发展中国家。为了实现控制温室气体排放的目标，UNFCCC核心确立了“共同但有区别的责任”的原则，即附件Ⅰ国家应该率先采取减排行动，在全球控制温室气体的共同行动中起到引领作用。附件Ⅱ国家有义务为其他国家的减排行动提供资金和技术支持。考虑到发展中国家应对气候变化的能力有限，因此发展中国家并不承担有法律约束的控排义务，仅在自愿基础上提出需要资助的项目以及这些项目实施过程中需要的技术支持。然而，UNFCCC并没有对缔约国家设定量化的减排任务，也没有对减排机制进行设计，从这个意义上讲，该公约缺乏法律约束力。

UNFCCC 规定关于强制排放内容可以在后续从属的议定书中予以确定，而《京都议定书》无疑是迄今为止最重要的条约，该条约于 1997 年 12 月获得通过，并在 2005 年 2 月 16 日强制生效。《京都议定书》要求发达国家在 2008—2012 年的第一个承诺期内整体减排量要比 1990 年的排放水平低 5% 以上，但对发展中国家没有硬性要求。《京都议定书》提出了三种机制以帮助发达国家顺利完成上述强制减排目标：第一，排放交易机制（emissions trading mechanism），该机制是指某一经济体根据其减排目标确定一个时期的温室气体排放总量，并基于一定的分配方法将排放配额（allowances）总量分配到每一个控排企业[①]，这些控排企业可以在市场上通过自由买卖配额调剂自身配额余缺。第二，联合履约机制（Joint Implementation，JI），该机制是附件 I 国家之间基于项目的一种合作机制。具体来说，减排成本较高的国家通过该机制投资减排成本较低国家中的一些节能减排项目，这些项目产生的减排单位可以一定程度上抵消投资国的减排任务，而被投资国则获得了相应的资金和节能技术。第三，清洁发展机制（Clean Development Mechanism，CDM），该机制是指附件 I 国家和非附件 I 国家（通常是发展中国家）之间的一种项目合作机制，它表明附件 I 国家通过该机制以较低成本投资非附件 I 国家中的一些清洁项目，这些项目所实现的减排量被称为经核证的减排量（Certified Emission Reduction，CER），获得 CER 可以按一定比例抵消附件 I 国家的减排任务。

在《京都议定书》以及 UNFCCC 后续法律文件的指导下，世界主要国家和地区都拥有自己的碳排放权交易市场（简称碳市场）。一般来说，排放交易机制是各个国家碳市场的核心组成部分，控排企业通过该机制公开交易配额产品。若控排企业能够通过技术创新等方式降低减排成本，履约后则拥有多余的配额，通过碳市场出售就可以获得额外利润；反之，控排企业就必须支付额外的成本。碳市场本质上就是通过这种市场化的激励机制促进控排企业减排。此外，完整的碳市场机制中，一般还包括联合履约机制和清洁发展机制，这两种机制统称为灵活履约机制，是排放交易机制的重要补充。

第二节　全球碳市场发展现状与发展趋势

近 10 年来，全球碳市场发展速度较快，借助碳市场进行节能减排的方式逐渐被越来越多的国家和地区接受。《全球碳排放权交易：ICAP 2023 年进展报告》显示[②]，相比 2014 年，全球碳市场覆盖的碳排放量从不到 40 亿吨增加到目前的 90 亿吨，占全球

① 控排企业是指被强制纳入碳市场中进行碳排放管控的企业，该企业根据从政府获得的配额和实际排放量之间的差额在碳市场上自由交易配额。

② 国际碳行动伙伴组织（International Carbon Action Partnership，ICAP）是一个面对全球各地政府和公共机构的国际交流和合作平台，这些政府和机构已经实施或者正在规划建立碳排放权交易体系。

温室气体排放总量的比例也从8%跃升到17%；全球实际运行的碳市场数量增加了1倍多，从13个增加到2023年的28个，涉及省（州、市）、国家到超国家等各个层面（见表1-1）。欧盟碳市场（European Union Emission Trade System，EU ETS）自2005年成立以来一直是全球交易规模最大、成熟度最高的碳市场，总成交量、总成交额均占全球总量的80%以上，目前已经步入第四个发展阶段。在中国，全国碳市场于2021年7月16日正式开展交易，覆盖排放规模约45亿吨，是全球覆盖排放规模最大的碳市场。

表1-1 全球碳市场分布情况

省（州、市）级碳市场		国家级碳市场	超国家级碳市场
北京	加利福尼亚州	奥地利	欧盟（含欧盟成员国，加上冰岛、列支敦士登、挪威）
重庆	新泽西州	中国	
上海	纽约州	德国	
天津	新斯科舍省	哈萨克斯坦	
深圳	俄勒冈州	墨西哥	
福建省	魁北克省	黑山	
广东省	罗德岛州	新西兰	
湖北省	埼玉县	韩国	
东京	佛蒙特州	瑞士	
缅因州	弗吉尼亚州	英国	
马里兰州	华盛顿		
马萨诸塞州	康涅狄格州		
新罕布什尔州	特拉华州		

数据来源：ICAP《全球碳排放权交易：ICAP 2023年进展报告》。

此外，全球碳市场收益创新高，为能效提升、清洁能源和可再生能源利用、技术创新提供了大量的资金支持。2008年至今，全球碳市场筹集资金超过2240亿美元，其中2022年碳市场收入达到630亿美元，创下历史新高。分市场来看，碳市场收入最高的为欧盟碳市场，募集资金占总量的近65%。

当前，全球碳市场发展势头良好，碳市场数量以及覆盖范围都有扩大的趋势：首先，奥地利、黑山和华盛顿州三地碳市场于近期相继启动。奥地利碳市场覆盖了欧盟碳市场并未纳入的建筑和运输部门，并将碳价格固定在30欧元/吨的水平。华盛顿州采用了与加利福尼亚州碳市场类似的机制设计，覆盖全州约70%的温室气体排放。其次，拉丁美洲和亚洲共13个国家和地区正计划实施碳市场机制。其中，印度议会通过的《2022年节能修正案》首次提出建立全国碳市场，并计划于2023年7月引进自愿碳减排抵消机制，于2024年开始首个以碳排放强度为基础的履约周期。最后，非洲在碳市场建设方面迈出实质性步伐，尼日利亚有望建设非洲首个碳市场。

第三节 我国“双碳”目标的提出与推进

2020 年 9 月 22 日，习近平主席在第七十五届联合国大会一般性辩论上郑重宣布，中国二氧化碳排放力争于 2030 年前达到峰值，努力争取 2060 年前实现碳中和。中国“双碳”目标不仅提振全球减排信心、贡献多边可持续发展议程，同时也为中国能源革命和经济进一步转型和升级设定了总体时间表。

“双碳”目标提出后，我国陆续出台了一系列促进碳达峰、碳中和的制度性措施：2021 年 5 月 26 日，碳达峰碳中和工作领导小组第一次全体会议在北京召开。随后各级政府、国家相关部门均成立了各自的碳达峰碳中和工作领导机构，以贯彻落实党中央、国务院的相关决策部署。政策方面，2021 年 10 月，《关于完整准确全面贯彻新发展理念做好碳达峰碳中和工作的意见》以及《2030 年前碳达峰行动方案》相继出台，共同构建了中国碳达峰碳中和“1 + N”政策体系的顶层设计，而重点领域和行业的配套政策也将围绕以上意见及方案陆续出台。截至 2022 年底，《科技支撑碳达峰碳中和实施方案（2022—2030 年）》《建立健全碳达峰碳中和标准计量体系实施方案》等已经出台。此外，各省级单位结合自身实际出台了地方的碳达峰实施方案。

微观层面的重要举措主要有：（1）全国碳市场正式运行。历经近 4 年的准备，2021 年 7 月 16 日全国碳市场正式开市，目前仅纳入电力行业，覆盖碳排放量约 45 亿吨，成为全球覆盖排放规模最大的碳市场。全国碳市场运行是我国碳市场建设中具有里程碑意义的事件，必将为我国利用市场机制控制碳排放形成强大助力。（2）多个科研机构成立。例如，北京大学、清华大学等多所科研院校成立了院士领头的碳中和碳达峰科研机构。这些科研机构的成立，可以为我国实现“双碳”目标过程中的一些重大理论、技术问题提供强大智力支持。

第二章 文献综述

第一节 碳市场运行机制研究

一、碳市场分配机制研究

碳市场包括总量设定、覆盖范围、配额分配、履约以及监督、报告和核查等诸多政策要素，碳市场运行机制设计就是对这些要素的最终确定。在所有的政策要素中，配额分配往往是最具争议性也是最受关注的政策问题，合理的配额分配方法有助于碳减排目标的实现（王文举和陈真玲，2019；钱浩祺等，2019；Wu 等，2016）。

当前碳市场运用的分配方法有免费分配和有偿分配两种，其中，免费分配包括祖父法和基准线法。祖父法是指依据控排企业历史排放量进行配额分配的方法，而基准线法主要依据控排企业所处行业的技术水平及其产品质量进行配额分配。相比之下，祖父法具有操作简便、减少控排企业成本以及防止碳泄漏等优点（Schmidt 和 Heitzig，2014；Zhang 等，2015），因此包括欧盟和中国在内的多数碳市场在早期运行阶段主要采用了这种方法。不过，该方法的公平性常常受到学者们的质疑（Fullerton 和 Metcalf，2001；Zhou 和 Wang，2016）。对历史高排放企业分配较多的配额和对历史低排放企业分配较少的配额，产生了“鞭打快牛”的逆向选择结果（Fabra 和 Reguant，2014；Wang 和 Zhou，2017）。同时该方法对后期新进入企业或已进入企业的新增投资往往施加了更为严格的配额供给，这将阻碍对拥有清洁技术的新企业的投资，同样不利于减排（Quirion，2009）。与祖父法相比，基准线法较好避免了“鞭打快牛”的问题，且对控排企业的产量和价格影响较小（Cong 和 Wei，2010；Meunier 等，2018）。这种优点被政府部门接受，在欧盟碳市场第二阶段、中国试点碳市场的部分行业和全国碳市场中获得了应用。然而，基准线法对基础数据的要求极高（王梅和周鹏，2020），同时该方法还会导致企业技术选择倾向于固化在基准线标准较低的技术水平上（Jotzo 等，2018）。

有偿分配方法以拍卖法为主，也包括固定价格出售法。拍卖机制具有显而易见的优点，越来越受到政策制定者的青睐。一方面，配额拍卖对控排企业具有更大的成本效率优势，可以减少税收扭曲，甚至减少政治上的争议性（Jensen 和 Rasmussen，2000；Yang 等，2018）。另一方面，拍卖分配过程更加透明，更加符合“污染者付费”的公平原则（Dewees，2008；Wang 和 Zhou，2017），可以增加政府在发展清洁技术方面的收入，以及有效避免寻租、监管扭曲等问题（Tang 等，2017；Dormady，2014）。此外，拍卖对二级市场的价格发现和市场流动性也有很好的促进作用（Khezr 和 MacKenzie，2018；王明喜等，2019）。不过，配额拍卖也存在一定的问题，主要表现为拍卖会导致控排企业负担过重，从而引起强烈的抵触情绪（齐绍洲和王班班，2013）。因此，学者们建议碳市场运行初期应该以免费分配为主，在后期发展过程中逐步提高配额拍卖比例（Hübler 等，2014；Cong 和 Wei，2012；王倩等，2014）。实践中，碳市场运行初期通过拍卖分配的配额比例也相当小，欧盟碳市场发展到第三阶段才开始大幅提高配额拍卖比例（第二阶段拍卖比例最高为 10%）。

除了对分配方法本身的优劣性进行比较外，还有许多学者对配额分配方式做了许多更为细致的研究。比如，林坦和宁俊飞（2011）认为配额分配应该进一步考虑到地区和行业层面的差异，这样才能保证公平性；乔晓楠和段小刚（2012）提出，中国的配额分配应该在完成减排目标的前提下兼顾不同地区间的差异；汤维祺等（2016）的研究也发现，不同的配额分配方式对高能耗、高排放行业向中西部地区转移的影响程度也不同。最后，在配额拍卖的规则和设计上，学术界也做了较多的探讨（Meunier 等，2018；Burtraw 和 McCormack，2017；Dormady 和 Healy，2019）。

二、碳市场稳定机制研究

碳价格受配额总量与分配政策、经济周期、排放数据质量的影响很大，与其他市场相比，碳价格有着更大的不确定，市场波动往往也更加剧烈。例如，欧盟碳市场在 2006 年公布了配额总量过剩的信息后，碳价格一周之内下跌了 50%；到了第二阶段，受经济危机的持续影响，碳价格几个月内由每吨 30 欧元跌至 8 欧元以下。碳价格剧烈波动极大影响了碳市场参与者的信心，对碳市场长远发展十分不利。因此，建立科学合理的市场稳定机制是碳市场运行机制设计中的另一项重要内容。

在吸取前两个交易阶段经验和教训的基础上，欧盟碳市场于 2019 年建立了市场稳定储备（Market Stability Reserve，MSR）制度，计划在 2019—2023 年从市场撤回最高 24% 的配额（刘志强，2019）。这种制度试图通过干预市场配额存量的方式维持碳市场平稳运行，因此也被称为数量稳定机制。而北美碳市场在每次拍卖中设有保留价格，此保留价格对二级市场碳价格具有很强的指导作用，属于价格稳定机制。在我国，为了防止碳价格过度波动，各试点碳市场一开始就建立了储备配额制度和配额回购制度等。这其中以广东碳市场最具特色，它是试点市场中唯一规律使用拍卖方式有偿分配部分配额的碳市场，每年进行 4 ~ 5 次配额拍卖，并为每次拍卖都设定保留价格。如果一次拍卖中没有在保留价格之上卖出本次预定的全部配额，则此次拍卖全部流拍；如果一次拍卖中竞拍价格超过预定的上限，则超过上限的所有配额报价都将以上限价格成交。因此，广东碳市场稳定机制兼有欧盟碳市场和北美碳市场的特点，被称为价量联动稳定机制（魏立佳等，2018）。

近年来，学术界对碳市场稳定机制这一问题展开了诸多讨论。比如，费尔（Fell）等（2016）基于数值模拟方法研究了欧盟碳市场数量稳定机制下过量供给的控制问题；肖贝（Shobe）等（2014）对北美碳市场稳定机制相关问题进行了探讨；费尔等（2012）比较了硬性和软性价格稳定机制，珀基斯（Pekis）等（2016）发现硬性价格稳定机制更加有效。学者在对数量稳定机制和价格稳定机制进行对比时发现，数量稳定机制的调控效果较弱，主要是因为该机制下存在碳价格波动性大、调控存在延迟等问题（Richstein 等，2015），应该建立盯住碳价格的价格稳定机制（Holt 和 Shobe，2016）。魏立佳等（2018）运用实验经济学方法发现，在面对碳价格大幅波动时，价量联动稳定机制和价格稳定机制能够较好维护市场理性，而数量稳定机制的表现却不尽如人意。同时，价量联动稳定机制在配额总量过量供给时的市场调控效果最为突出。

三、其他运行机制研究

除了分配机制和市场稳定机制以外，监管机制、抵消机制等方面的内容同样受到了学者们的广泛关注。

从碳市场监管层面来讲，欧盟碳市场的监管制度建设已经相对完善（绿金委碳金融工作组，2016），在立法、市场监管体系以及技术等方面都已具备较高的水平，建立起了欧盟、成员国和交易所三级监管体系（易兰等，2016）。到了第三阶段，欧盟还加强了欧盟碳市场的管理职能（郝海青和毛建民，2015）。与欧盟碳市场相比，中国试点碳市场均缺乏国家层面的上位法，多数试点碳市场建立的基础仅仅是地方政府规章制度，市场监管法律约束力较弱。同时，试点碳市场的监测、报告和核查（Monitoring Reporting and Verifying，MRV）体系呈现出不同的规则和特点（曾雪兰等，2016）。此外，对其他国家碳市场监管体系的研究也提醒我们要强化二级市场监管的法律责任，完善 MRV 体系（曹明德和崔金星，2012；深圳排放权交易所，2015）。

抵消机制是构建碳市场的基本要素（段茂盛和庞韬，2013），它是指允许控排企业使用一定比例的经审定的减排量来抵消其部分减排义务，以核证减排量（Certified Emission Reduction，CER）表示。抵消机制是一种灵活的履约机制，抵消比例的大小将对碳市场的配额需求形成一定冲击，进而对碳价格产生影响。现有研究认为，抵消机制的统一是链接试点碳市场的关键环节（庞韬等，2014），当前试点碳市场普遍存在可用于抵消的 CER 远高于配额成交量的现象，造成碳市场交易比较低迷（李峰和王文举，2015）。

第二节 碳价格驱动因素研究

碳价格驱动因素是碳市场参与各方和学术界最早关注的问题之一，因此早期的文献多是围绕这一主题展开讨论的。同时，由于欧盟碳市场发展时间最长、成熟度也最高，学者们多以欧盟碳市场为研究对象。梳理现有文献可以发现，影响碳价格的因素主要集中在三个层面，即制度因素、市场因素和气候因素。

一、制度因素

在欧盟碳市场运行之前，克里斯琴森（Christiansen）等（2005）从供求角度出发，认为决定碳价格的因素包括政策管制和市场因素两类。2006 年，当欧盟委员会发布的报告披露出第一阶段配额总量过剩的信息后，欧盟碳价格在短短一周内狂跌了 50%（Ellerman 和 Buchner，2008）。阿尔贝罗拉（Alberola）等（2008）的研究发现该事件使欧盟碳价格在第一阶段出现了结构性断点。考虑到市场中存在大量的过剩配额，欧盟规定第一阶段的配额不能存储到第二阶段使用，这项规定使得在第一阶段结束时，欧盟碳现货价格接近于零（Parsons 等，2009）。达斯卡拉基斯（Daskalakis）等（2009）对这一规定做了实证研究，并建议在同一阶段内的不同年份之间允许配额的存储和借贷。

相关研究中，希泽曼（Hitzemann）等（2010）采用事件研究法发现核证减排公告事件对欧盟碳价格的影响在不断减弱。有学者运用双边修正虚拟变量的事件研究方法发现，国家分配计划对欧盟碳收益率具有显著正向影响（Jia 等，2016）。类似的研究还有曼萨内特－巴塔勒和帕尔多（Mansanet－Bataller 和 Pardo，2009）；莱彭（Lepone）等（2011）。相比之下，郭福春和潘锡泉（2011）认为核准碳排放水平的信息、欧盟春季会议以及欧盟主要国家低碳发展战略等重大事件都会影响到碳价格。科赫（Koch）等（2014）研究发现拍卖推迟的相关决定会导致碳价格下降，2020 年和 2030 年的欧盟气候政策发布引起碳价格上升。艾明等（2018）的研究也认为延迟拍卖使得欧盟碳价格出现了结构突变。有关政策因素对中国试点碳市场的研究中，傅京燕等（2017）对中国试点碳市场的研究发现，碳市场制度设计、履约期政策对碳市场流动性具有显著的影响；不过，张云（2018）认为政策因素对试点市场碳价格没有影响。

二、市场因素

制度因素具有一定的偶然性，从日度的视角来讲，碳价格主要受到包括能源价格和宏观经济在内的市场因素的影响。克里斯琴森等（2005）认为影响碳价格的市场因素主要有燃料转换、生产水平和天气等。康弗里和雷德蒙（Convery 和 Redmond，2007）的研究表明，当能源价格变化时，发电企业从成本角度出发将在不同燃料（比如煤炭和天然气）之间进行切换，这将引起发电企业实际排放量的变动，最终驱动碳价格变化。曼萨内特－巴塔勒等（2007）以煤炭和天然气之间的转换价格作为能源价格的代表，研究发现转换价格对碳价格具有显著的正向影响。伯丁和穆克利（Bredin 和 Muckley，2011）、克雷迪（Creti）等（2012）、贝尔森和斯科尔顿（Boersen 和 Scholtens，2014）、汪文隽和柏林（2013）以及艾明等（2018）的研究也支持了上述结论。

除此之外，学者们往往也直接使用煤炭价格、石油价格和天然气价格代表能源价格。一般来说，煤炭价格上升时，直接使得煤炭消耗量减少，同时间接引起天然气等低排放化石能源的消耗量增加，使得实际排放量和配额需求降低，最终使得配额价格下降。天然气价格对碳价格影响机制与煤炭正好相反，石油价格是天然气价格的主要驱动力（Kanen，2006），所以石油价格影响碳价格的逻辑与天然气类似。从理论上可以总结为，煤炭价格对碳价格具有负向影响，石油价格和天然气价格对碳价格具有正向影响。众多文献对这一问题展开讨论：有学者运用结构 VAR 方法研究发现煤炭价格对北京碳价格具有显著的负向关系（Zeng 等，2017）。哈穆德（Hammoudeh）等（2014）基于分位数回归法的研究得到了“煤炭价格、石油价格、天然气价格均对美国碳价格有显著的负向影响”的结论。张跃军和魏一鸣（2010）则认为石油价格是能源价格中影响欧盟碳价格最主要的因素。不过，能源价格与碳价格的理论关系往往不总是全部成立。许多文献指出，能源价格在不同阶段对碳价格的影响存在明显差异，主要体现为第二阶段以后两者之间的显著性关系有所增强，且更倾向于符合理论关系（Keppler 和 Mansanet - Bataller，2010；Kim 和 Koo，2010；Mansanet - Bataller 等，2011；Creti 等，2012；陈晓红和王陟昀，2012；De Menezes 等，2016）。

宏观经济因素反映的是经济发展状况，一般来说，经济发展越好，企业越有增加产出意愿，使实际排放量和配额需求增加，最终导致碳价格上涨（Alberola，2009）。德克勒克（Declercq，2011）调查了次贷危机对欧盟电力部门碳排放的影响，模拟结果显示 2008—2009 年欧盟电力部门减少了约 1.5 亿吨的碳排放。学界通常用产出水平或者股票指数代表宏观经济因素，且大多数文献支持了“宏观经济因素与碳价格正相关”这一结论（Creti 等，2012；Aatola 等，2013；陈欣等，2016）。不过也有部分研究得出了不一样的结论。比如，谢瓦利尔（Chevallier，2009）研究发现碳价格受宏观经济因素的影响微乎其微，但受到能源价格的显著影响。谢瓦利尔（2011）运用欧盟工业生产指数作为宏观经济的代表，并对繁荣期和衰退期分别做了讨论，得到了“宏观经济在繁荣期对碳市场有正向影响，在衰退期对碳市场有负向影响”的结论。

三、气候因素

影响能源消耗进而影响配额需求的另一个重要方面是气候因素，例如，当极端炎热天气出现时，人们通常会增加空调的使用，从而短期内需要发电企业加大负荷，导致发电企业实际碳排放和配额需求增加。曼萨内特－巴塔勒等（2007）考察了气温、降雨量等气候因素对欧盟碳价格的影响，研究发现碳价格会受到未预期到的气温变化的影响，尤其是极端天气的影响。在此基础上，阿尔贝罗拉（Alberola）等（2008）运用日度温度与季节平均温度之差的绝对值代表极端温度，实证结果表明极端温度对碳价格具有显著的影响。伯丁和穆克利（2011）使用同样的方法度量极端温度，但仅发现极端温度在第二阶段对碳价格具有显著影响。里克尔（Rickels）等（2015）发现极热天气对欧盟碳价格产生了显著的负向影响。不过，汪文隽和柏林（2013）对欧盟碳市场第二阶段的研究发现极端温度并没有显著影响碳价格。辛特曼（Hintermann，2012）、陈晓红和王陟昀（2012）等也对该问题进行了研究。

第三节 碳市场价格特征研究

在对碳价格时间序列进行分析时，学者们发现碳价格存在非连续性突变等特点，而且对数差分表示的碳收益率序列符合长尾分布的一些特征（Daskalakis 和 Markellos，2008），并不服从经典的正态分布（Frunza 和 Guegan，2010；杜坤海和王鹏，2020）。王恺等（2010）实证探讨了欧盟碳收益率的真实分布特征，发现稳态分布在描述碳收益率的分布上最具适用性。保莱拉和塔西尼（Paolella 和 Taschini，2008）认为帕累托分布可以对欧盟碳收益率无条件厚尾现象进行良好的描述，而广义自回归条件异方差（Generalized Autoregressive Conditional Heteroskedasticity，GARCH）族模型能够近似模拟动态的条件尾部特征。淳伟德等（2012）运用极值理论对欧盟碳现货收益率尾部进行建模，研究发现越接近尾部，广义帕累托分布的拟合效果越好。蒙塔格诺利和德弗里斯（Montagnoli 和 De Vries，2010）发现欧盟碳收益率序列呈有偏和尖峰厚尾的分布特征。

为了对碳收益率有偏、厚尾和波动聚集性等典型特征进行良好的描述，学者们大多采用不同性质的 GARCH 模型。例如，谢瓦利尔（2009）以欧盟碳价格为研究对象，经过对比不同类型的 GARCH 模型发现，门限非对称（asymmetric threshold）GARCH 模型可以更好地描述碳期货价格的实际波动特征。陈晓红和王陟昀（2010）的研究表明 EGARCH（exponential GARCH，指数 GARCH）模型在标准残差服从 t 分布的假定下，对欧盟碳收益率具有良好的样本内拟合和样本外预测性质。汪文隽等（2011）发现基于 GED（generalized error distribution，广义误差分布）的 GARCH 模型对欧盟碳收益率具有更好的拟合效果。考虑到欧盟碳价格具有结构突变特征，萨宁（Sanin）等（2015）、胡根华和朱福敏（2018）进一步允许 GARCH 模型具有时变跳跃强度（time - varying jump probability），以考虑数据样本中的诸多异常值，并得出了"欧盟配额收益率波动存在显著的跳跃行为"的结论。里特勒（Rittler，2012）以高频数据为例，运用 UECCC - GARCH（Unrestricted Extended CCC - GARCH）模型研究了欧盟碳配额期货价格与现货价格之间的关系。不过也有学者经过对比发现，普通 GARCH 模型就能够对碳价格波动特征作出良好的刻画，并且具有较好的样本外预测能力（Benz 和 Trück，2009；陈晓红和王陟昀，2012）。

除了 GARCH 族模型外，学者们还广泛运用其他计量模型考察碳价格的波动特征。比如，谢瓦利尔（2011）首次采用非参模型研究了欧盟碳价格特征，实证结果表明非参模型可以很好地拟合碳价格波动特征，且相比线性回归模型能减少 15% 的预测误差。塞弗特（Seifert）等（2008）构建了一个随机均衡模型对欧盟碳现货价格进行研究，结果表明该模型能够描述欧盟碳市场的特征事实。还有学者对欧盟碳价格波动进行了较为全面的研究，考虑到碳价格波动的复杂性，他们运用了一种非线性动力学方法进行分析，主要结论有碳价格是一个有偏的随机游走过程、存在短记忆性等（Feng 等，2011）。刘维泉和郭兆辉（2011）利用四种随机波动模型对欧盟碳收益率建模，实证结论表明碳收益率具有显著的聚集性、非对称性等特征，且 Leverage SV 模型（leverage stochastic volatility，杠杆效应随机波动模型）具有最好的描述效果。

对国内试点碳市场价格波动特征的研究相对较少。杜莉等（2015）以截至 2014 年 8 月的试点市场碳价格为样本，运用 GARCH 模型研究发现北京、上海、湖北和广东的碳收益率不具有显著的波动聚集性特征。有限的样本量可能是导致这一结果的重要原因。之后，有学者探讨了北京等 5 个试点碳市场的波动特征，研究表明所有碳收益率序列均具有显著的波动聚集性和持续性特征，北京、天津和广东的碳收益率还具有显著的杠杆效应（Chang 等，2017）。汪文隽等（2016）、王影等（2020）、宋敏等（2020）对北京碳收益率的研究也得到了类似的结论。此外，辛姜和赵春艳（2018）运用马尔可夫机制转换向量自回归模型（MS - VAR）对试点地区碳价格波动性做了研究。

第四节 碳市场风险研究

一、碳市场风险测度研究

有关碳市场风险方面的研究，除了部分学者对碳市场面临的政策风险、操作风险、履约风险、信用风险、流动性风险等各类风险进行定性研究外（王遥和王文涛，2014），大多数文献还是聚焦市场风险展开讨论。

经过梳理，测度碳市场风险的文献主要使用了以下几种模型或方法：第一，基于 GARCH 族模型展开碳市场风险测度。例如，有学者运用 GARCH 模型和极值理论研究了欧盟碳市场的风险暴露程度和风险价值（Value at Risk，VaR），结论表明碳市场下行风险高于上行风险（Feng 等，2012）。王婷婷等（2016）对中国碳市场试验期间（截至 2015 年 8 月）的风险状况进行了研究，得到了“QAR - GARCH（分位数自回归 - GARCH）模型比 CAViaR（条件自回归风险值方法）模型更适合对中国试点碳市场风险的刻画，成熟度整体较低”的结论。其他类似的研究方法还包括杨超等（2011）、雷博雷多和乌甘多尔（Reboredo 和 Ugando，2015）、蒋晶晶等（2015）、Ren 和 Lo（2017）、王影等（2020）。第二，基于随机波动（Stochastic Volatility，SV）模型展开讨论，比如，刘维泉和郭兆辉（2011）发现欧盟碳市场中 leverage SV 模型估计的 VaR 最有效。第三，资本资产定价模型与 Zipf（齐普夫）方法，比如，张跃军和魏一鸣（2011）、郭福春和潘锡泉（2011）、唐葆君和申程（2013）运用该方法对欧盟碳市场的市场风险进行了分析。此外，部分学者探讨了由不同类型风险因子共同作用的碳市场集成风险（张晨等，2015；柴尚蕾和周鹏，2019）。总体而言，大多数文献表明，基于 GARCH 族模型和极值理论的 VaR 方法在测度碳市场风险上更具有优势。

二、碳市场与能源市场、股票市场的风险关系研究

除了从单一视角研究碳市场风险问题外，学者们对碳市场与其他市场之间的风险关系也展开了广泛的讨论。碳市场与能源市场、股票市场之间的风险关系是这其中的热点话题。例如，格伦瓦尔德（Gronwald）等（2010）运用科普勒（Copula）模型发现欧盟碳市场与能源市场之间仅存在微弱的相依关系。海小辉和杨宝臣（2014）通过实证研究认为欧盟碳市场与能源市场的动态条件相关系数均为正，不过原油市场通过天然气市场对碳市场产生间接的影响。此外，有学者对欧盟碳市场与能源市场之间的波动风险溢出效应进行了研究，结果表明石油市场对欧盟碳市场具有最强的波动溢出效应（Wang 和 Guo，2018；Marimoutou 和 Soury，2015；Balcilar 等，2016；Zhang 和 Sun，2016）。但是，也有部分学者的研究没有发现碳市场与能源市场之间存在这种波动溢出效应（Reboredo，2017）。在碳市场与股票市场的研究中，亨里克斯和萨多斯基（Henriques 和 Sadorsky，2008）、库玛（Kumar）等（2012）的实证研究发现欧盟碳市场与清洁能源公司股价之间没有明显的联系。李刚和朱莉（2014）认为欧洲和美国的碳市场与石油市场和股票市场之间具有一定的动态相关性。

针对中国试点碳市场与能源市场、股票市场的风险关系这一问题，一些学者也做了一些有益的尝试。宋楠等（2015）通过实证研究认为深圳碳市场与能源市场、金融市场之间在试验阶段不存在波动信息传导。林伯强等（2019）运用 VaR－DCC－GARCH 和 VaR－BEKK－AGARCH 对北京碳市场与能源市场、股票市场之间的波动溢出效应进行了实证研究，结论表明能源市场和股票市场均对北京碳市场存在显著的波动溢出效应。赵领娣等（2021）的研究也认为试点市场与能源市场之间存在显著的波动溢出效应，不过这种溢出效应在不同试点碳市场之间具有明显的差异（Chang 和 Ye，2019），且在能源市场动荡时期碳市场受到的溢出效应明显增强。常凯和张超（2018）运用 GARCH－Copula 模型，研究发现试点碳市场与汽油市场的波动之间具有显著的联动性。

第五节 研究综述

自碳市场成立以来，学者们就针对碳市场发展过程中的一系列问题进行了持续不断的探索，并取得了包括上述文献在内的大量高水平的研究成果，为本书后续研究奠定了坚实的基础。

第一，作为一个新兴的市场，对碳价格实际波动状况的解释和描述一直以来都是学术界和实务界重点关注的问题。从影响碳价格波动的因素来看，除了制度、运行机制层面的因素，还有能源价格、宏观经济、气候等方面的因素。由于碳排放主要来自能源消耗，能源消耗直接受到能源价格的影响，因此在所有影响因素中，能源价格被

视为影响碳价格的核心因素。它们之间的显著性已经被绝大多数的实证研究所证实，尤其是那些针对试验阶段之后样本数据的研究。在对碳价格波动特征的刻画方面，形成的主要结论可以归结为不服从正态分布，具有有偏和尖峰厚尾特征，波动具有显著的聚集性、持续性和杠杆效应特征，碳价格具有跳跃过程等。不过，这些研究都是在“均值—方差”的二维框架下展开的，并没有考虑碳价格三阶矩（偏度）和四阶矩（峰度）的时变特征。与正态分布的情形相比，负偏意味着碳收益率下降的可能性更大，较高的峰度则意味着碳收益率有更大的概率出现极端值。因此，现有研究没有考虑碳价格三阶矩和四阶矩的时变特征，可能会损失碳价格波动中的重要信息，具有较大的局限性。

另外，尽管应对气候变化、减少碳排放已成为国际社会的普遍共识，但受大国角力、地缘政治、国家之间发展不平衡等因素影响，仍不时有相关国家或个人对成立碳市场、开展碳交易的必要性及基础价值提出质疑[①]。尽管这些质疑之声无法撼动通过碳市场这一重要的市场机制来联合应对气候变化的全球大趋势，但在某些时候也可能会对碳市场运行和碳价格波动造成一定的干扰。换句话说，作为一个新兴的交易市场和资产品种，碳市场会面临更多政策或舆论的冲击，这可能会使得相比其他的资产价格，碳价格出现极端波动的概率更高，而传统的二阶矩无法对极端波动进行充分刻画，必须借助四阶矩来完成。

第二，如果没有考虑碳价格高阶矩的时变特征，可能无法为后续的碳市场风险管理活动提供精确的决策依据。以峰度为例，较大的峰度会导致碳收益率出现极端值的概率更大。如果开展风险测度时没有考虑到碳价格峰度系数的时变特征，而是像传统的波动率测度方法那样，假定其峰度系数为常数的话，那么在受到连续大幅冲击时，控排企业、投资机构等碳市场参与者遭受极端风险的概率将会显著增加。因此，碳市场时变高阶矩波动效应的存在对于有效的风险管理活动来说，具有极其重要的理论和现实意义。

第三，目前有关碳市场与相关市场之间风险传染特征的研究中，仍然将着眼点放在碳收益与其他资产收益的一阶矩和二阶矩上，且没有形成一致的结论。实际上，金融风险传染是一个十分复杂的非线性过程，传染关系不应只局限于一阶矩和二阶矩。由三阶矩测度的非对称风险和由四阶矩测度的极端风险的传染状况也应该是风险传染的应有内涵和这类研究的必要内容。进一步讲，现有研究表明，随着碳市场实践和学术研究逐步深入，运行初期的多数问题得到缓解甚至解决，碳市场运行机制逐步接近完善。在这个过程中，碳市场的透明度、开放度、成熟度和流动性得到了显著提高，碳市场同与其联系最为紧密的能源市场之间的信息、资金等要素流动变得更加顺畅。在这样的背景下，如果从高阶矩的视角挖掘现有文献没有监测到的高阶矩传染渠道，可以进一步拓展碳市场风险传染的研究视野。

---

① 如美国前总统布什、特朗普均以损害美国利益为由先后退出了全球气候协议《京都议定书》和《巴黎协定》。

第三章　碳市场发展历史与现状

第一节　欧盟碳市场

一、欧盟碳市场发展现状

欧盟碳市场即欧盟排放交易体系（European Union Emission Trading Scheme，EU ETS），是目前全球交易规模最大和成熟度最高的碳市场。下面从欧洲碳交易所基本情况、碳交易市场表现以及存在的问题等方面进行分析。

（一）欧洲碳交易所基本情况

欧盟碳市场共有三种交易形式：双边交易、场外交易和交易所交易。双边交易是指交易在买卖双方直接进行，没有中介介入。与双边交易不同，场外交易则要依靠中介进行撮合，典型的场外交易模式是柜台交易（Over the Counter，OTC）。在欧盟碳市场运行早期，这两种交易形式占据主导地位，占比约70%。然而，上述两种交易形式的交易价格和交易量等信息并没有被公开披露。随着欧盟碳市场的发展，一系列更加透明、安全的场内交易平台逐步建立起来，据世界银行的数据，到欧盟第二阶段来自场内交易的交易额占比已经超过50%（郑爽，2019）。

表3-1报告了欧盟碳市场自成立以来从事碳交易的5家交易所的基本情况，包括交易平台、交易产品、交易规则等方面的内容。相比全球其他市场，欧盟碳市场的交易产品十分丰富。在其成立之初就同步开展了配额期货、期权等衍生品交易。因此，在欧盟碳市场中交易的品种有基本标的EUA现货及其期货、期权产品，减排信用CER现货及其期货、期权产品，除此之外，还有远期、互换等金融工具。欧盟碳市场的参与者也非常丰富，除了具有强制减排责任的控排企业外，还包括银行、风险基金等机构投资者、经纪公司、咨询服务公司、个人等。欧盟碳衍生品市场的建立为市场参与者尤其是控排企业提供了丰富的风险管理工具。实际上，碳衍生品市场一经推出就受到了市场的追捧，并逐渐成为占据绝对主导地位的交易品种。路孚特（Refinitiv）数据显示，2015年欧盟碳市场期货成交量超过了现货成交量的30倍，成为占据绝对主导地位的交易品种。期货合约中，每年12月到期的期货合约是基准合约，交易量最大，也

是其他月份合约的定价基础。此外，在5个交易所中，欧洲气候交易所（ECX）在所有交易所中具有最大的期货交易量，占全部期货交易量的比重超过80%。

表3-1 欧洲碳交易所基本情况

项目		ECX	BlueNext	NordPool	EEX	EXAA
所在城市		伦敦	巴黎	奥斯陆	莱比锡	维也纳
交易产品	EUA现货	NA	2005/06/24	2005/10/24	2005/03/09	2005/06/28
	EUA期货	2005/04/22	2008/04/21	2005/02/11	2005/10/04	NA
	EUA期权	2006/10/13	NA	NA	2008/04/14	NA
	CER期货	2008/03/14	2008/06/02	NA	2008/02/06	NA
	CER期权	2008/05/13	NA	NA	NA	NA
交易模式		连续	连续	连续	固定	固定
交易日		星期一至星期五	星期一至星期五	星期一至星期五	星期一至星期五	星期二
交易时间		7：00—17：00	8：00—17：00	8：00—15：30	9：00—17：30	14：00
最小交易单位		1000吨	1000吨	1000吨	1吨	1吨
清算		伦敦清算所	伦敦清算所	北方电力清算所	欧洲期货清算所	电力清算和结算所
交易模式		T+3	T	T+3	T+2	T+1

注：ECX（European climate change）为欧洲气候交易所；EEX（European energy exchange）是欧洲能源交易所；EXAA（Energy exchange Austria）是奥地利能源交易所；NordPool是北欧电力交易所；BlueNext交易所已于2012年12月5日关闭，曾是最大的EUA现货交易所。NA表示数据不可得。

（二）市场表现

欧盟碳市场是当前全球交易规模最大也是发展最为成熟的碳市场，其总成交量和总成交额一直占据全球的80%左右。图3-1反映的是EUA期货成交量和成交额年度走势。如前所述，EUA是欧盟碳市场基本交易标的，其12月期货合约是交易规模最大、最具流动性的交易品种，因此对EUA期货交易量和交易额的描述可以很好地反映欧盟碳市场交易的整体情况。可以看到，自欧盟碳市场成立以来，交易量和交易额都大幅提升。其中，交易量从2005年的0.94亿吨上涨至2020年的89.4亿吨，涨幅超过94倍；交易额从2005年的20.31亿欧元上涨至2020年的2207.43亿欧元，涨幅超过107倍。交易规模的大幅增长很大程度体现了欧盟碳市场在第二、第三阶段运行机制改革的成效，碳市场参与度显著提高。不过，受欧洲主权债务危机和配额过剩预期的叠加影响，欧盟碳市场在2012—2016年的交易规模有所萎缩。

在总结欧盟碳市场交易规模的基础上，我们进一步对自欧盟成立以来的碳价格走势进行分析。图3-2展示了完整的欧盟碳价格序列，数据来自彭博（Bloomberg）数据库。欧盟碳市场运行初期，由于市场还不成熟，投资者对碳市场的认识也不足，碳价格波动相对频繁和剧烈。2006年，欧盟公告显示市场上存在大量过剩配额，此公告发布后欧盟碳价格遭遇了著名的“明斯基时刻”，短短几天内价格下跌超50%。之后，受到第二阶段配额管理更加严格等政策的影响，碳市场逐步回暖。2008年，国际金融危

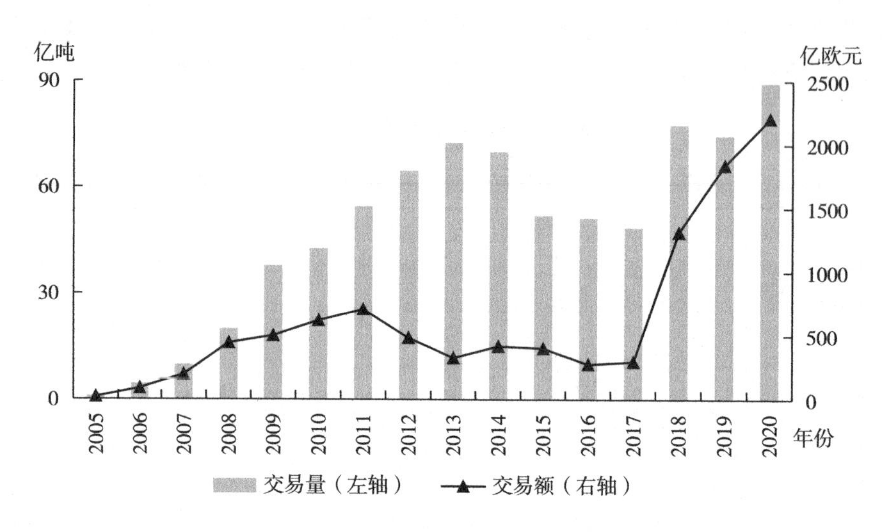

图 3－1　EUA 期货成交量与成交额（2005—2020 年）

机对全球经济造成了巨大冲击，使得欧盟碳市场控排企业产能出现了明显下降，同时为了缓解自身流动性压力，控排企业主动出售部分配额，导致碳价格从每吨近 30 欧元的历史高位跌至约 8 欧元，其后便在每吨 15 欧元的价位上震荡徘徊。2011 年初，受到配额过剩预期以及欧洲债务危机的叠加影响，碳价格再次出现大幅下跌趋势，并长期在每吨 10 欧元以下的价位徘徊。随着欧洲经济回暖以及配额分配政策的调整，欧盟碳价格从 2017 年年中开始快速攀升至每吨 25 欧元的价位。2020 年受新冠疫情的冲击，欧盟碳价格短期再次出现巨大幅度的波动。总结来看，欧盟碳价格的走势主要由市场供需决定，更深层次来讲，体现在制度、能源消费（宏观经济）等诸多方面。

图 3－2　EUA 期货价格走势

（三）存在的主要问题

第一，配额总量过剩问题。这是欧盟碳市场自成立以来一直存在且最为突出的问题。首先，第一阶段和第二阶段的总量设定由国家分配计划（NAP）确定，这是一种自下而上的方式。各成员国基于自身发展利益的考虑，加之缺乏足够的数据支撑，往往多报排放量，最终导致欧盟碳市场前两个阶段配额出现过剩。欧洲环境署的统计数据显示，第一阶段仅有6个国家上报的配额小于实际排放量，有12个国家上报的配额超出实际排放量1000万吨。NAP模式已经在第三阶段中被取消，转变为欧盟统一分配的模式。其次，抵消比例宽松。欧盟规定2008—2020年整体抵消额度不能超过该阶段50%的减排量，但对第二阶段没有单独的限制，导致到第二阶段结束时，抵消信用累计使用量已达到10.48亿吨。最后，忽略了宏观经济变化对碳市场配额供需的影响。比如，受到次贷危机、欧债危机等事件冲击，欧洲经济下滑严重，导致实际产出和实际排放量大大降低，但配额供给却没有因此而调整。

第二，缺乏市场调节机制。欧盟碳价格共出现了两次大幅下跌，一次出现在2007年末，配额过剩以及不能跨期存储的规定使得欧盟碳价格几乎一文不值；另一次出现在第二阶段，受到次贷危机和欧洲危机的持续冲击，欧盟碳价格从第二阶段期初的每吨近30欧元跌至期末的每吨约5欧元。当碳价格出现上述极端变化时，欧盟并没有足够的应对措施进行调节。直到第三阶段末才推出了市场稳定储备机制（Market Stability Reserve，MSR）。

第三，决策程序缓慢。为了解决配额过剩问题，欧盟在第三阶段推出了折量拍卖措施。不过，折量拍卖于2012年被提出，经过两年争论才最终得到执行，过程的曲折反复极大地削弱了市场信心。

第四，市场欺诈问题。一种是税收欺诈，有的成员国将配额视为应纳税消费品，并征收增值税，导致部分交易者在不征税的国家开设账户，然后到纳税国家出售，并在征税之前撤出以谋取大量利润。另一种是网络欺诈，比如，2010年11月罗马尼亚国家登记簿被盗160万EUA，2011年欧盟碳市场注册系统被盗300万EUA，以及德国登记簿被木马入侵等。

二、欧盟碳市场运行机制设计

欧盟配额（European Union Allowance，EUA）由欧盟登记簿（European Union Registry）进行统一登记，是欧盟碳市场的核心交易品种。欧盟碳市场在总量交易（cap－and－trade）的总体框架下运行，表现为欧盟委员会根据减排目标为某一特定时期设定一个碳排放总量的上限，然后根据一定的分配方法将总量指标分配给每一个控排企业，控排企业可以在碳市场自由交易配额以调剂自身的余缺。欧盟碳市场采取分阶段推进的总体方案，以便在不断的实践中逐渐积累碳市场运行经验。具体来说，2005年1月至2007年12月为第一阶段，该阶段也被称为试验期，它为欧盟碳市场最初设计的运行机制提供了一个非常好的检验平台，也为后续运行机制的完善奠定了坚实的基础；第二阶段从2008年1月到2012年12月，本阶段针对试验期暴露出的总量过剩等突出问题做了一定的改进和完善；到了第三阶段（2013—2020年），配额总量线性递减、市场稳定储备的建立、拍卖比例的大幅度提高、抵消机制更加合理等众多举措使得欧盟碳市场各项机制设计已经趋于完善，减排效果较为明显。2017年底，欧盟温室气体排放总量比1990年减少了25.2%，提前3年完成了第三阶段设定的减排目标。

基于上述认识，本章按照不同发展阶段的逻辑对欧盟碳市场运行机制做纵向对比分析。同时，由于总量设定和配额分配是所有运行机制的关键环节，因此将其单独作为一部分进行分析。

（一）总量设定与配额分配机制

表3-2报告了与欧盟碳市场总量设定与配额分配机制有关的主要内容。通过对比可以发现，欧盟碳市场在不同发展阶段中的总量设定与配额分配机制存在明显差异。

为了实现越来越严格的阶段性减排目标，每一阶段的年均发放配额总量呈明显的递减趋势。特别地，在第三阶段内的每年配额分配总量要求逐年线性递减1.74%，而且这一线性下降比例在第四阶段还将提高至2.2%。在配额总量的确定方式上，考虑到国家分配计划（National Allocation Plan，NAP）① 确定的欧盟配额总量过于宽松，欧盟在第三阶段取消了这种NAP模式，转而由欧盟自上而下确定配额总量并按统一协调的原则分配给不同国家。具体来说，在年度配额总量中，88%的部分按照成员国温室气体排放量占欧盟总排放量的比例进行分配，10%的部分将按照照顾低收入国家和经济快速发展国家的原则进行分配，剩余2%作为“京都红利”分配给那些到2005年其温室气体排放量相比《京都议定书》基准年至少减排20%的国家。与配额总量不断下降形成鲜明对比的是，欧盟碳市场覆盖的国家、行业和温室气体种类在不断扩大，这意味着更多的控排企业将争夺更少的配额资源，使得欧盟碳配额的稀缺性逐步凸显。

当配额总量和覆盖范围确定之后，就需要确定分配方式。目前欧盟碳市场的分配方式包括免费分配和有偿分配两种，其中，免费分配可以分两种：一种是祖父法，也称为历史法，它是指以控排企业在特定历史时期的排放量为依据进行配额分配，这种方法可以相对减轻控排企业的排放成本，且由于历史数据容易获取，因此是欧盟碳市场早期阶段的主要分配方式。然而，祖父法分配意味着历史排放量越多获得的配额就越多，从而造成“鞭打快牛”的情况出现。另一种是基准线法，这一分配方式弥补了祖父法“鞭打快牛”的不公平因素，该方法的分配依据是基于特定行业或产品的温室气体排放基准值，该基准值通过计算特定行业或产品在某个历史时期的产量或能源投入与温室气体排放总量的比值得到。该方法的优势在于能够对高排放企业和低排放企业进行区分，进而达到奖励低排放者和惩罚高排放者的目的，但是对排放数据的质量要求较高。

---

① NAP是一种自下而上的配额总量设定模式，即各成员国自行设定本国的配额总量上限和分配计划，欧盟委员会统一审核通过后形成欧盟层面的配额总量上限。

表 3－2　欧盟碳市场总量设定与配额分配机制主要内容

内容	第一阶段	第二阶段	第三阶段
减排目标	完成《京都议定书》承诺减排目标的45%。	到2012年，碳市场覆盖范围内的排放量比2005年下降6.5%。	到2020年，碳市场覆盖范围内的排放量比2005年下降21%。
纳入行业	约11000个控排企业，覆盖电力、炼油、钢铁、炼焦、水泥、陶瓷、造纸、玻璃等部门。	新增航空部门（2012年）。	新增化工、石化、合成氨、电解铝和有色等部门。
加入国家	欧盟25国。	新加入保加利亚和罗马尼亚两个新的欧盟成员国，以及挪威、冰岛、列支敦士登三个非欧盟成员国。	—
覆盖气体	仅二氧化碳。	仅二氧化碳。	新增氧化亚氮（N_2O）、全氟氮化物（PFCs）、六氟化硫（SF_6）等温室气体。
配额总量	以NAP方式确定配额总量；平均每年22.99亿吨二氧化碳当量。	以NAP方式确定配额总量；平均每年20.81亿吨二氧化碳当量。	取消NAP，统一由欧盟委员会确定总量；每年线性递减1.74%，平均每年18.46亿吨二氧化碳当量。
分配方式	以祖父法和基准线法等免费分配方式为主，以拍卖等有偿分配方式为辅（拍卖比例不超过5%）。 最后，免费分配方式以祖父法为主。	拍卖比例不超过10%。	配额总量的60%以拍卖方式分配。其中，电力、碳捕捉、运输与储存行业实现100%拍卖；航空部门拍卖比例为15%；有严重碳泄漏风险的行业仍然完全免费分配；其他行业的通过拍卖获得配额的比例由2013年的20%逐步提升至2020年的70%。 最后，免费分配转变为以基准线法为主。

注：表中内容由各类文献资料整理得来。NAP是指国家分配计划。控排企业是指被强制纳入碳市场总量管制和交易体系的企业（单位）。

整体来看，欧盟碳市场的分配方式呈现出两个趋势：一是免费分配方式由祖父法逐渐过渡到基准线法；二是有偿的拍卖分配方式逐渐占据主导地位，即便是对不同行业设定了不同的拍卖比例。上述两种变化不仅增加了分配的公平性，还大大增强了控排企业的排放成本意识，对于激励控排企业采取有效措施节能减排和进一步扩大行业覆盖范围具有十分积极的意义。

（二）其他运行机制

与总量设定与配额分配机制一样，其他运行机制在不同阶段也表现出了较大的差异（见表3－3）。

首先，从存储和预借（banking）机制来看，同一阶段内发放的配额是可以存储到后续履约年份使用的。同时结合图3－3可以发现，控排企业在完成本年度的履约责任之前（4 月 30 日）就已经获得了下一年度的配额（2 月 28 日），因此同一阶段内的预借也是被允许的。换句话说，控排企业可以利用下一年度的配额来完成本年度的履约。欧盟碳市场对跨阶段存储和预借机制的规定需要特别注意，即第一阶段分配的配额禁止存储到第二阶段使用，但第二阶段分配的配额允许存储到第三阶段使用。这一规定不仅使欧盟碳市场第一阶段与后续阶段失去了时间上的连续性，而且由于第一阶段的配额存在超额供给情况[①]，第一阶段末欧盟碳现货价格几乎为零。配额跨阶段预借在三个阶段都是被禁止的。

其次，《京都议定书》提出了排放交易机制、清洁发展机制（CDM）和联合履约机制（JI），后两种机制属于灵活履约机制或抵消机制（offset mechanism）。所谓抵消机制，是指欧盟碳市场成员国与其他非成员国之间在 CDM 和 JI 两种机制下开展项目级合作，由这些项目产生的减排量可以部分抵消成员国的减排任务。由于抵消项目的成本往往比控排企业自我减排的成本以及二级市场碳价格要低很多，因此抵消制度有助于控排企业控制减排成本。也正是因为这一点，抵消市场往往对碳市场的供需产生较大的影响。从表 3 –3 中的描述可以看出，欧盟碳市场对这两种抵消机制的使用要求越来越严格，体现在对项目来源、温室气体种类和抵消比例等方面进行了较多限制，这也意味着在欧盟碳市场不断向前推进的过程中，配额的稀缺性会更加凸显，控排企业面临的实际减排压力也会越来越大。此外，这种减排压力还来自对违约的惩罚：一是罚金随阶段上涨；二是从第二阶段开始，未履约部分的配额需要在下一履约年度继续上缴，而且在第三阶段还增加了对成员国违约的惩罚。

表 3 –3　欧盟碳市场其他运行机制介绍

内容	第一阶段	第二阶段	第三阶段
存储机制	阶段内不同履约年度允许存储；不过，第一阶段剩余配额不可存储到以后阶段使用。	阶段内不同履约年度允许存储；第二阶段剩余配额允许存储到第三阶段使用。	阶段内不同履约年度允许存储；第三阶段剩余配额允许存储到第四阶段使用。
预借机制	阶段内不同履约年度允许配额预借，但跨阶段预借是被禁止的		
抵消机制	允许使用 CDM 项目和 JI 产生的减排量抵消控排企业的减排任务，但对抵消比例没有要求。	对抵消比例进行限制，成员国在 NAP 计划中自行决定本国的抵消比例（0 ~ 20%）。其中，成员国平均抵消比例为 13.4%。	停止 JI 项目，且对 CDM 项目来源有较大限制；禁止使用氢氟碳化物和氧化亚氮项目产生的碳信用；进一步降低抵消比例[②]。
履约日期	每年 4 月 30 日		

① 第一阶段年均发放的配额总量为 22.99 亿吨，高于年均实际排放总量 21.22 亿吨。

② 现有行业可以使用的抵消信用总量不超过这些行业 2008—2020 年减排量（相比 2005 年的水平）的 50%，新加入行业可以使用的抵消信用总量不超过这些行业从加入欧盟碳市场至 2020 年减排量（相比 2005 年的水平）的 50%。

续表

内容	第一阶段	第二阶段	第三阶段
惩罚机制	未履约部分被处以每吨40欧元的罚金。	未履约部分被处以每吨100欧元的罚金，且该部分配额还需要在下一履约年度补缴；公布违约者姓名。	未履约部分的罚金根据欧洲消费者价格指数的增长而增长，且该部分配额还需要在下一履约年度补缴；增加对成员国违约的惩罚措施，即成员国未完成履约责任，将在下一年度补缴部分1.08倍的配额。
稳定机制	无	无	建立市场稳定储备制度、实行折量拍卖等。

注：CDM表示清洁发展机制（clean development mechanism），是指与发展中国家之间进行的一种减排项目合作，由该项目产生的减排单位为CER（certification emission reduction）；JI表示联合履约机制（jointly implement），是指与发达国家之间进行的一种减排项目合作，由该项目产生的减排单位为ERU（emission reduction unit）。未履约部分表示控排企业上缴的配额与其实际排放量之间的差额部分。

最后，欧盟碳市场成立以来，一直受到配额总量过剩问题的困扰。为了解决这个问题，欧盟直接禁止第一阶段的配额存储到第二阶段使用，后续阶段对配额总量和覆盖范围也做了进一步的调整。不过这一问题始终没有得到有效解决。欧盟于2014年启动了折量拍卖措施，目的是将9亿吨的配额推迟到2019年至2020年发放。不过这只是一种临时的自救措施，而且人为扭曲了碳市场的供给曲线。相比之下，2019年初启动的市场稳定储备机制（MSR）则是一种长效的调控机制。该机制在2019年至2023年将24%的剩余配额放入MSR中（正常履约年度该比例为12%），即在年度配额拍卖时，将原计划的拍卖数量扣除过剩配额的24%。举例来说，截至2018年，EU ETS的过剩配额为14亿吨，那么2019年将在原有的拍卖配额基础上扣除3.36亿吨，后续年度以此类推。可以看到，MSR的建立对于减少欧盟碳市场过剩配额以及提升抵御未来冲击能力具有十分重要的作用。

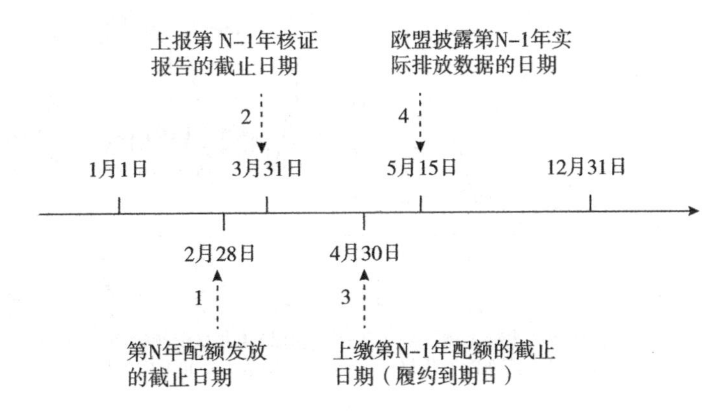

图3－3　欧盟碳市场配额发放、排放报告核查、履约时间轴

此外，监测（monitoring）、报告（reporting）和核查（verification）机制（以下简

称 MRV 机制）也是碳市场运行机制的重要组成部分，该制度对于保证排放数据的真实性起着关键作用。图 3－3 梳理了欧盟碳市场在一个年度内的重要时间节点，这可以更加直观地了解欧盟碳市场主要运作流程。从时间轴出发，控排企业在每年 2 月 28 日收到政府发放的本年度的配额，之后在每年 4 月 30 日之前上缴与核证报告（3 月 31 日）披露排放量相等的上一年度配额。如前所述，这之间的时间差实际上是允许控排企业可以选择预借当年的配额去完成上一年度的履约任务，从而能够帮助控排企业灵活调节配额余缺和应对生产经营中的突发情况。在每年的 5 月 15 日公开披露上一年度的实际排放数据，市场参与者通常会基于这一数据重新调整对碳市场未来供求关系等方面的预期。

第二节　我国试点碳市场

为了有效应对气候变化，实现经济发展绿色转型，同时打赢污染防治这一重大攻坚战，2013 年 6 月 18 日，深圳碳市场试点率先启动运行，之后北京、上海、天津、广东、湖北、重庆等区域碳市场也相继启动。在积累了丰富的试点经验的基础上，我国于 2017 年 12 月正式启动了全国碳市场建设，并于 2021 年 7 月 16 日正式开展全国配额交易。可以看出，中国碳市场建设采取的是先试点再建设全国市场的总体方案。接下来，我们将分别对北京、上海、广东、湖北和深圳等 5 个代表性试点碳市场以及全国碳市场进行简要介绍，对运行机制设计的对比分析放在第五章。图 3－4 是北京、上海、广东、湖北四个碳市场价格走势图。由于深圳碳市场同时段有多个配额，且不同配额价格差异明显，因此没有包含深圳碳价格数据。

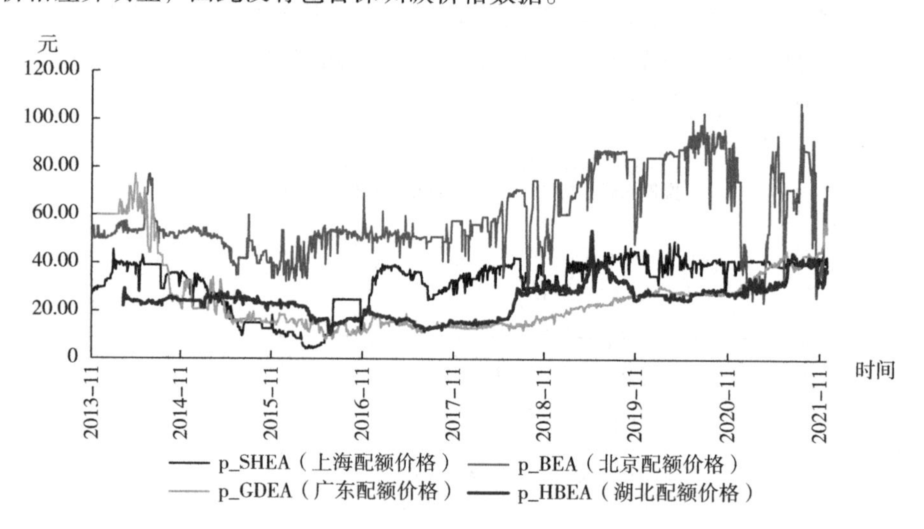

图 3－4　试点碳市场碳价格走势

一、北京碳排放权交易试点

2013 年 11 月 28 日，北京碳市场正式开展交易，首日成交量 4.08 万吨，成交额 204.1 万元。北京碳市场初期覆盖电力等八大行业共 490 家控排企业，这一数字到 2022 年达到了 1000 家，在试点碳市场中位居第一。该市场交易产品主要包括配额（代码 BEA）现货、CCER（China Certified Emission Reductions，中国核证减排量）现货，允许控排企业、机构投资者和个人投资者参与交易。截至 2022 年底，BEA 实现累计成交量 0.18 亿吨，累计成交额 12.28 亿元。北京碳市场虽然规模不大，但是成交价格一直在全国领先，2022 年成交均价一度达到 149 元/吨的高位。值得一提的是，2022 年首次尝试配额有偿竞价发放，有偿竞价成交总量 96.11 万吨，统一成交价为 117.54 元/吨，成交总额 1.13 亿元，为配额紧缺企业顺利履约提供了新的选择。

运行至今，北京碳市场还陆续推出了林业碳汇（FCER）和绿色出行减排量（PCER）的新产品，创新回购融资、置换等碳金融服务。此外，为了维护碳市场稳定，防止价格过度波动，北京碳市场最先出台了公开市场操作管理办法，当二级市场碳价格每吨低于 20 元或者高于 150 元时，将触发碳排放配额回购或拍卖等公开市场操作程序，从而为交易提供稳定的预期。

二、上海碳排放权交易试点

2013 年 11 月 26 日，上海碳市场正式启动，是第二个启动碳排放交易试点的市场，覆盖工业和非工业中的控排企业 191 家。该市场交易产品包括配额现货（代码 SHEA）、CCER 现货以及配额远期等，2013 年以后允许控排企业、机构投资者和个人投资者参与交易。截至 2022 年末，上海碳市场现货品种累计交易量 2.22 亿吨，累计成交额 33.7 亿元。其中，SHEA 累计成交 0.48 亿吨，成交额 12.08 亿元；CCER 累计成交量 1.74 亿吨，占各试点碳市场 CCER 累计成交总量的 38.52%，居第一位。远期成交量约为 0.044 亿吨。从碳价格走势来看，SHEA 价格大多数时候维持在每吨 40～50 元的价格区间，不过市场整体交易活跃度不够，表现为碳价格没有变化的情况时常出现。上海碳市场连续 9 年实现控排企业 100% 履约。

上海碳市场成立至今，还陆续推出卖出回购、借碳交易、CCER 质押、碳配额质押、碳保险等多种碳金融服务。其中，共推动 21 笔质押融资业务落地，融资总规模近 6000 万元；2022 年 1 月，协助太保产险落地全国首单草原碳汇遥感指数保险。碳普惠方面，2022 年 11 月，《上海市碳普惠体系建设工作方案》印发，推动上海碳普惠体系建设取得突破性进展。碳中和方面，仅 2022 年就完成了中国国际进口博览会、世界物联网博览会等近 200 笔碳中和业务。上海碳市场承担了全国碳市场交易系统建设。

三、广东碳排放权交易试点

2012 年 9 月 11 日，广东碳排放权交易中心正式揭牌。2013 年 12 月 16 日，广东碳市场完成首次配额有偿竞价，并于当月19日正式启动二级市场交易，标志着广东碳市场正式运行。运行初期，广东碳市场覆盖了电力、水泥、钢铁、石化和造纸等五大行业的控排企业202家，均为年排放量2万吨二氧化碳（相当于年综合能源消费1万吨标准煤）以上企业。该市场交易产品主要包括配额（代码GDEA）、CCER以及PHCER（广东省碳普惠制核证减排量）。参与广东碳市场的控排企业、机构投资者和个人投资者超过2900个。

从市场表现来看，截至2022年底，广东碳市场实现碳排放权累计成交量2.92亿吨。其中，GDEA累计交易量2.14亿吨（占全国碳交易试点总量的36.37%），GDEA累计交易额56.39亿元（占全国碳交易试点总量的35.22%）；CCER累计交易量7255.99万吨，PHCER累计交易量538.07万吨。同时，从图3－4可以看出，GDEA价格在运行初期波动较大，从每吨约60元下跌至25元。此外，交易连续性不断增强，表现为初期价格不变的情况出现较多。从履约情况来看，2013年以来的9个履约期中，履约率达100%的有6个，其余3个履约期履约率为99%。

自运行以来，广东碳市场取得了一系列成绩：开启了全国首次一级市场配额拍卖，完成了国内首单CCER线上交易，推出国内首单碳排放配额抵押融资业务，发布中国碳市场100指数，也是全国首个配额成交量破亿吨的交易所。同时，广东碳市场还推出了碳远期交易业务、回购业务和托管业务等系列创新服务。广东碳市场编制发布了全国首个湾区企业和项目适用的与国际衔接的绿色供应链融资标准《大湾区绿色供应链金融服务指南——汽车制造业》并推动项目落地；落地家电行业全国首笔“碳账户＋供应链金融”模式的“绿色碳链通”融资业务；落地广东省首笔贷款利率挂钩控排企业单位产值碳排放的信贷业务；落地广东省首笔基于绿色（碳减排）票据认证机制的绿色票据贴现业务等各项创新产品项目。

四、湖北碳排放权交易试点

2014年4月2日，湖北碳排放权交易中心正式揭牌，首日成交量达51万吨，成交额1071万元，标志着湖北碳市场正式投入运行。湖北碳市场覆盖企业数量从最初的138家扩大到339家，涉及钢铁、水泥、石化、化工等16个行业，均为年耗能1万吨标准煤以上的工业企业，还有合格投资机构（940余家）和个人投资者参与交易，形成了多元化、多层次的市场主体结构。湖北碳市场交易品种包括配额（代码HBEA）现货、CCER现货、配额远期等产品，并创新开发了碳基金、碳资产质押融资、碳债券、碳资产托管、碳金融结构性存款、碳排放配额回购融资等一系列碳金融产品。此外，全国碳排放权注册登记系统也落户湖北碳市场。

从碳交易情况来看，截至2022年底，湖北碳市场实现配额累计成交量3.75亿吨，占全国份额的44.6%；实现累计成交额达90.71亿元，占全国交易总额的46.9%。同时，湖北碳价格总体较为平稳，且交易连续性强。总体而言，湖北碳市场在试点碳市场中具有非常不错的表现。

五、深圳碳排放权交易试点

深圳碳市场于2013年6月18日正式启动运行，是全国首个运行的试点碳市场，也是发展中国家第一个开展配额交易的碳市场。该市场将控排企业分为建筑类和非建筑类。其中，建筑类控排企业纳入标准为建筑面积达到10000平方米以上，非建筑类控排企业纳入标准为年二氧化碳排放量达到3000吨以上。因此，深圳碳市场的控排企业门槛在试点碳市场中最低，使得其在运行初期管控的企业数量最多，达到635家。大量的控排企业，加之允许机构投资者和个人投资者参与交易，使得深圳碳市场的配额流动率长期位于试点碳市场首位。

当前，深圳碳市场的交易品种为配额（代码SZEA）现货、CCER现货等。需要说明的是，2022年以前，深圳碳市场对每年分配的配额单独命名。比如2013年分配的配额代码为SZA-2013，2014年分配的配额代码为SZA-2014，这使得该市场同一时期内可以交易多个配额产品，但是每个配额产品之间却存在同质不同价的问题。因此，图3-4中没有包含深圳碳价格的数据走势。不过，2022年4月，该市场将不同年度的配额产品合并为统一配额产品（SZEA），从而解决了上述问题，实现了配额统一定价。截至2022年末，深圳碳市场累计成交额突破20亿元。其中，SZEA累计成交额14.22亿元，累计成交量5545.11万吨。此外，2022年8月，深圳碳市场首次开展碳配额有偿分配，总成交量58万吨，成交均价43.49元/吨，总成交金额达2526万元。

制度建设方面，深圳碳市场在对原有的《深圳市碳排放权交易管理暂行办法》进行修订的基础上，于2022年7月正式出台《深圳市碳排放权交易管理办法》，为进一步建立健全碳市场提供了制度保障。碳普惠建设方面，《深圳市碳普惠管理办法》的出台标志着深圳碳普惠制度体系基本建立，《深圳市居民低碳用电碳普惠方法学（试行）》《深圳市低碳公共出行碳普惠方法学（试行）》《深圳市共享单车骑行碳普惠方法学（试行）》《深圳市森林经营碳普惠方法学（试行）》为量化社会公众低碳行为产生的减排量提供了核算依据。2022年12月，深圳首批碳普惠核证减排量交易成功签约，标志着碳普惠核证减排量交易产品正式落地。碳金融创新方面，深圳碳市场运作至今提供了碳资产质押融资、境内外碳资产回购式融资、碳债券、碳配额托管、绿色结构性存款、碳基金等一系列碳金融创新服务。

六、全国碳市场的总体框架设计与推进现状

2017年12月18日，国家发展改革委印发《全国碳排放权交易市场建设方案（发电行业）》，标志着我国国家碳排放交易体系完成了总体设计，已正式启动全国碳市场建设。2021年7月16日，全国碳市场正式启动线上交易，交易品种为中国配额（代码CEA，China Emission Allowance）。现阶段，全国碳市场还未对控排企业以外的其他方开放，交易方式包括挂牌协议交易和大宗协议交易两种。其中，单笔申报数量小于10万吨的采用挂牌协议交易，大于等于10万吨的采用大宗协议交易。截至2022年末，全

国碳市场碳排放配额（CEA）累计成交量2.3亿吨，累计成交额104.75亿元。

按照党中央、国务院的部署，全国碳市场坚持稳中求进，以搭建制度框架、夯实管理基础、提升数据质量为市场建设初期目标，扎实推进全国碳市场制度体系、基础设施、数据管理和能力建设等方面各项工作。截至目前，全国碳排放数据报送与监管系统、全国碳排放权注册登记系统、全国碳排放权交易系统等信息系统已经建立，对于保障全国碳市场有效运行起到了十分重要的作用。与试点碳市场不同，在全国碳市场运行初期仅将发电行业（含其他行业自备电厂）纳入管控范围，涉及控排企业2162家，均为2013—2019年任一年排放达到2.6万吨二氧化碳当量及以上的企业，年度总覆盖二氧化碳排放量约45亿吨，为全球覆盖排放量规模最大的碳市场。

配额分配方面，根据《2019—2020年全国碳排放权交易配额总量设定与分配实施方案（发电行业）》，全国碳市场运行初期采用的分配方法是基于碳排放强度控制目标的行业基准法，具体分配时分为预分配和核定分配两个阶段，均为免费发放。然后，加总所有重点排放单位的配额数量确定全国配额总量。从地区来看，山东、内蒙古、江苏获得的配额最多，占全国总额的33.71%；从机组来看，燃煤机组、燃气机组占比分别为99.1%和0.9%，其中，300MW等级以上常规燃煤机组、300MW等级及以下常规燃煤机组、非常规燃煤机组分别占配额总量的32.4%、48.3%、18.4%。

配额清缴方面，现阶段，全国碳市场履约周期设计为每两年履约一次，第一次履约到期日为2021年12月31日。在第一个履约期，全国碳市场总体履约率为99.5%，共有1833家控排企业按时足额完成配额清缴，178家控排企业部分完成配额清缴①，全部按时足额完成配额清缴的省份有海南、广东、上海、湖北和甘肃。在履约机制设计上，为了减轻控排企业负担，设定了履约豁免机制，包括：（1）履约缺口率上限豁免机制，即设定20%的配额缺口率，超过该比率的配额予以豁免；（2）燃气机组豁免，即燃气机组的配额清缴量不大于其获得的免费配额量，以鼓励燃气机组的发展。此外，全国碳市场引入了灵活履约机制，规定可使用不超过履约任务5%的CCER，第一个履约周期实际使用CCER约3273万吨。

核算、报告、核查方面，自2013年开始，国家层面就开始组织发电、石化、建材等八大重点排放行业企业开展碳排放数据年度报送与核查。核算层面，2021年3月，生态环境部印发《关于加强企业温室气体排放报告管理相关工作的通知》及其配套核算技术规范，对元素碳含量等相关参数的测定方法标准、频次等作出明确规定，未实测或实测方法不符合相关技术要求的，单位热值含碳量将采用不分煤种的高限值。报告方面，要求控排企业编制上一年度的温室气体排放报告，并对社会公开不涉及国家秘密和商业秘密的报告内容。核查方面，2021年3月出台的《企业温室气体排放报告核查指南（试行）》规定了核查原则和依据、核查程序和要点、核查复核以及信息公开等内容。同年10月，《关于做好全国碳排放权交易市场数据质量监督管理相关工作的

① 全国碳市场第一个履约周期共纳入2162家控排企业，其中151家控排企业由于企业关停、符合暂不纳入配额管理条件等原因，未发放全国配额。因此，第一个履约周期实际发放配额的控排企业数量为2011家。

通知》要求省级生态环境主管部门对本行政区域内控排企业的排放报告和核查报告数据进行全面检查。

《2021—2022 年全国碳排放权交易配额总量设定与分配实施方案（发电行业）》已经公布。对比来看，最新的分配方案主要有以下几处变化：（1）新增“借碳”机制，规定“对配额缺口率在 10% 及以上的重点排放单位，确因经营困难无法通过购买配额按时完成履约的，可从 2023 年度预分配配额中预支部分配额完成履约，预支量不超过配额缺口量的 50%”，以缓解配额履约给重点排放单位带来的压力。（2）统筹研究个性化纾困方案，对承担重大民生保障任务的重点排放单位，并且执行履约豁免机制和灵活机制后仍无法完成履约的，将科学、精准、有效地减轻重点排放单位的履约负担。（3）碳排放基准值逐年缩小。碳排放基准值是决定配额分配规模的一项重要参数，逐年收紧的碳排放基准值（见表 3－4）意味着配额稀缺度将逐步上升，CEA 价格将面临上升趋势。可以预期，随着全国碳交易经验的不断积累和其他行业基础数据的不断完善，全国碳市场运行机制将逐步得到完善，未来也将有更多行业纳入全国碳市场中。全国碳市场必将为我国“双碳”目标的顺利实现提供强大助力。

表 3－4　各类别机组碳排放基准值

<table>
<tr><th rowspan="2">机组类别</th><th colspan="3">供电（tCO_2/MWh）</th><th colspan="3">供热（tCO_2/GJ）</th></tr>
<tr><th>2021 年平衡值</th><th>2021 年基准值</th><th>2022 年基准值</th><th>2021 年平衡值</th><th>2021 年基准值</th><th>2022 年基准值</th></tr>
<tr><td>300MW 等级以上常规燃煤机组</td><td>0.8210</td><td>0.8218</td><td>0.8177</td><td rowspan="3">0.1110</td><td rowspan="3">0.1111</td><td rowspan="3">0.1105</td></tr>
<tr><td>300MW 等级及以下常规燃煤机组</td><td>0.8920</td><td>0.8773</td><td>0.8729</td></tr>
<tr><td>燃煤矸石、煤泥、水煤浆等非常规燃煤机组（含燃煤循环流化床机组）</td><td>0.9627</td><td>0.9350</td><td>0.9303</td></tr>
<tr><td>燃气机组</td><td>0.3930</td><td>0.3920</td><td>0.3901</td><td>0.0560</td><td>0.0560</td><td>0.0557</td></tr>
</table>

数据来源：2021 年、2022 年度全国碳排放权交易配额总量设定与分配实施方案（发电行业）。

第四章　我国碳市场发展理论基础分析

碳市场作为一种市场化的气候政策工具，本质上是借助市场机制激励控排企业减少温室气体排放。因此，碳市场的建设与发展离不开一系列经济学理论的支撑。

第一节　相关概念界定

随着碳市场在全球范围内的兴起，以“碳”为核心的一系列名词相继诞生。

温室气体，是指大气中吸收和重新放出红外辐射的自然和人为的气态成分，包括二氧化碳（CO_2）、甲烷（CH_4）、氧化亚氮（N_2O）、氢氟碳化物（HFCs）、全氟化碳（PFCs）、六氟化硫（SF_6）和三氟化氮（NF_3）[①]。

碳排放，是指煤炭、石油、天然气等化石能源燃烧活动和工业生产过程以及土地利用变化与林业等活动产生的温室气体排放，也包括因使用外购的电力和热力等所导致的温室气体排放。

碳排放权，是指分配给重点排放单位的规定时期内的碳排放额度。一般来说，碳排放权由碳排放配额表示，每单位配额代表排放 1 吨温室气体的权利，因此配额总量代表着一定时间和空间内的碳排放量限额指标或者减排目标。

国家核证自愿减排量，是指对我国境内可再生能源、林业碳汇、甲烷利用等项目的温室气体减排效果进行量化核证，并在国家温室气体自愿减排交易注册登记系统中登记的温室气体减排量，以 CCER（Chinese Certified Emission Reduction）表示。作为一种补充机制，1 单位 CCER 代表排放 1 吨温室气体的权利。

碳市场，即碳排放权交易市场或碳排放权交易体系，是指为控排企业、投资者等碳市场主体提供碳排放权买卖的场所，主要包括碳配额交易市场以及基于项目的市场（比如 CDM、JI 等）。

控排企业，也称为重点排放单位，是指被强制纳入碳市场之中，其碳排放受到管理的重点排放企业。在每一个履约期，控排企业在期初获得一定数量的碳配额，期末上缴与实际排放量相等的配额数量完成履约，是碳市场的核心参与主体。

---

① 《碳排放权交易管理办法（试行）》。

碳价格是指每单位配额的价格，表示买卖双方在碳市场上自由交易形成的价格。

第二节　外部性理论

外部性（externality）概念源于马歇尔 1890 年发表的《经济学原理》一书。在此基础上，庇古于 1920 年发表的《福利经济学》中正式提出了外部性理论，该理论反映和描述的是社会成本和私人成本之间的差异，并且已经发展成为环境经济学中的基础性理论。外部性是指个人的福利或企业的生产能力除了会受到价格的间接影响之外，还会受到其他消费者或企业行为的直接影响。外部性有正外部性（positive externality）和负外部性（negative externality）之分。在正外部性情况下，一方的行为使另一方受益，但受益方不必承担任何费用；在负外部性情况下，一方的行为使另一方的利益受损，而不需要为此承担任何成本。碳排放问题是典型的负外部性问题。自工业革命以来，人类经济社会发生了翻天覆地的变化。在经济高速发展的同时，人类也向大气中排放了过多的二氧化碳等温室气体，致使全球面临着越来越严峻的气候和环境压力。然而，那些产生碳排放的经济主体，尤其是一些高污染、高耗能、高耗水的“三高”工业企业，并没有为其排放的温室气体承担相应的成本。这些成本成了全人类共同承担的社会成本。

当外部性存在时，资源得不到有效配置，从而市场无法达到帕累托最优。为了有效解决外部性问题，提高市场效率，经济学家主张将外部成本内部化。其中，庇古税是一个典型的代表。庇古认为，环境问题是由市场对环境资产配置失灵所致，只有对造成环境损害的活动征收一定单位的税收，才能将环境外部性内部化为企业私人成本。因此，征税后，污染企业在成本最小化原则的指导下重新选择环境友好型的经营策略，在这个内部成本最小化的过程中同时实现了社会总成本最小化。当前一些国家为了控制碳排放所实行的碳税政策，就是在这一理论思想的指导下展开的。不过，庇古税也存在着环境成本难以准确度量以及税收可能会转嫁给消费者等一系列问题。相比之下，基于科斯定理的环境权益交易更具理论优势。

第三节　科斯定理与排污权交易理论

1960 年，科斯（Coase）在《论社会成本问题》一文中提出了科斯定理，这是一种与庇古完全不同的解决思路，其核心思想是只要产权明确，且在交易成本为零的情况下，无论在开始时将产权赋予哪一方，市场均衡的最终结果都是有效率的，实现了资源配置的帕累托最优。然而，现实世界中，科斯定理的前提条件往往不能满足，甚至相差甚远。科斯第二定理指出，当交易成本不为零时，不同的权利界定会带来不同的资源配置。科斯第三定理进一步指出，产权制度的设置才是优化资源配置的基础。由此可见，科斯定理提供了一种通过市场机制解决外部性问题的新的思路和方法。

在科斯定理的基础上，戴尔斯（Dales，1968）在《污染、财富和价格》一书中阐述了排污权理论，该理论核心包括总量限额和配额分配两大内容。蒙哥马利（Montgomery，1972）对该理论进行了一定的补充。事实上，排污权交易理论就是在排污权理论的基础上引入了市场机制。具体来说，为了控制一定时期内某个区域范围（通常是指行政区域）的污染物排放，政府首先设定该区域的污染物排放总量上限，在此限额下将代表污染物排放权的配额按某种分配方式发放到排污实体，这些排放实体可以根据自身的实际排污情况在排污权交易市场上自由调剂排污量，并产生了配额价格，从而实现以较低的社会成本减少污染物排放的目的。

可见，排污权交易理论遵循着污染者付费的原则，而配额价格代表着每多排 1 单位污染物所需要承担的边际成本，或每少排 1 单位污染物所获得的边际收益。具体到碳配额交易市场（以下简称碳市场），配额价格对低排放者（通常是碳市场中的净供给方）是一种激励，而对高排放企业（通常是碳市场中的净需求方）则是一种惩罚。相比碳税减排政策，在碳市场中控排企业可以依据成本效益原则及对均衡碳价格的把握自行决定其经营活动。因此，碳交易工具具有明显的灵活性、低成本等特征。实际上，在碳市场正式运行之前，美国就基于这些经济学理论开展了二氧化硫排放交易，并为后来的碳市场运行机制的设计提供了丰富的实践经验。

第四节　碳市场需求与供给的经济学分析

根据科斯定理，配额是一种被明确的碳排放权利，控排企业拥有 1 单位配额就代表拥有可以排放 1 吨二氧化碳的权利。在权利清晰界定后，配额就可以像其他商品一样自由交易，在自由竞争的碳市场中由供求双方共同决定形成碳价格，并通过市场价格引导控排企业合理减排。

一、控排企业层面的需求与供给分析

同其他商品一样，控排企业对配额的需求和供给遵循着需求定律和供给定律，即配额的需求量与碳价格呈反方向变化（D_1曲线），配额的供给量与碳价格呈同方向变化（S_1曲线）。因此，可基于供求曲线构建如图 4 - 1 所示的碳价格分析基础模型。图中，市场出清的碳价格由 P_1表示，配额成交量由 Q_1表示。

那么在基础模型中，哪些控排企业是碳市场中的配额供给方，哪些控排企业是碳市场中的配额需求方？这取决于控排企业获得的配额和实际排放量之间的比较。如果获得配额大于实际排放量，则控排企业是碳市场上配额的供给方，即可以通过出售富余的配额获取额外的利润；否则，控排企业为配额的需求方，即需要支付额外的成本

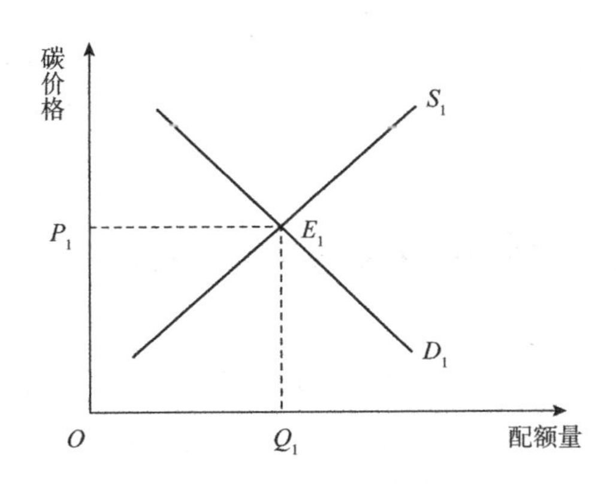

图 4－1　碳市场供求模型

购买配额完成履约任务。进一步地，控排企业获得的配额主要由分配方法决定，实际排放量则取决于生产技术等因素。由于获得的配额由政府确定，因此对于控排企业来说，决定其是配额需求方还是供给方的关键因素就在于生产技术。其他条件不变时，生产技术特别是低碳技术水平越高，表明单位产品的碳含量越低，从而可以节余更多的配额，属于碳市场的优势方。

二、影响碳市场需求与供给的其他方面

控排企业对其自身配额缺口的调节形成了碳市场需求和供给的基础层面。除此之外，还有许多其他因素对碳市场需求和供给造成影响，进而导致图 4－1 中的供求曲线发生移动。

需求方面，对碳市场需求的冲击主要来自以下几个方面：首先是宏观经济冲击。对宏观经济的预期将促使企业调整生产决策，从而影响产量与实际排放量。例如，次贷危机爆发后，企业普遍对经济发展前景感到悲观，从而降低产量，也降低了对配额的需求。其次是能源价格冲击。一方面，能源价格波动将影响控排企业对能源的使用量，从而导致实际碳排放的变化，最终引起配额需求变化；另一方面，大量证据表明，能源价格特别是石油价格的巨大波动将对宏观经济产生冲击，进而影响企业整体的碳排放量。再次是来自核证减排量的冲击，核证减排量（如 CCER）即来自投资清洁项目产生的减排量。若允许使用核证减排量的比例越高，则表明控排企业可以使用更多的核证减排量来抵消自己的履约任务，从而减少了对配额的需求，反之则相反。如前所述，目前我国碳市场对核证减排量的最高使用比例限制在 5%～10%。最后，履约期不同阶段的需求不同，一般来说，临近履约到期日，控排企业对配额需求高，这也是我国试点碳市场交易的重要特征（杜坤海和王鹏，2020）。

供给方面主要包括两方面的因素：一方面是分配方法，以我国碳市场为例，目前为止主要有历史法（也称祖父法）、基于强度的分配方法、基于行业标杆值的分配方法等，不同的分配方法对初始配额的数量具有基础性的影响。在此基础上，随着减排目标的不断强化，碳减排强度和行业标杆值也会进一步增加，从而在其他条件不变时，

配额供给将逐步下降。另一方面是配额拍卖，在碳市场运行过程中，主管机构往往会临时组织配额拍卖，这些拍卖的配额在增加企业履约灵活性的同时也增加了配额供给量。此外，作为有偿分配的主要方式，配额拍卖还会大大提升控排企业的成本意识。

第五节　碳市场覆盖范围的经济学分析

覆盖范围决定了碳市场的交易主体，即控排企业。实践中，启动碳市场的国家或地区只是选择将碳排放重点行业纳入碳市场，并且也仅仅考虑将这些重点行业中的重点排放企业作为控排企业，并非将所有企业都纳入碳市场管理。例如，全国碳市场目前只纳入了发电行业，并且均为该行业中 2013—2019 年任一年排放达到 2.6 万吨二氧化碳当量及以上的重点排放企业。

从经济学角度讲，碳市场覆盖范围选择重点排放行业的重点排放企业，原因在于：一方面，虽然 IPCC 第五次报告认为，全球气候变暖有 95% 是人类活动造成的，但是并非所有的人类活动对全球变暖都是显著的。换句话说，我们只要抓住那些具有最强碳排放负外部性的行业企业，就很大程度能够达到整个社会的碳减排目标。以全国碳市场为例，虽然只覆盖了发电行业中的重点排放企业，但是却覆盖了约 45 亿吨的排放规模，占全国总碳排放量的 38%，成为全球覆盖碳排放规模最大的碳市场。随着全国碳市场的逐步推进和其他行业基础数据的持续完善，石化、化工、建材、钢铁、有色、造纸、航空等诸多高碳排放行业将逐步纳入，届时全国碳市场覆盖排放规模将大大提高，有效应对碳排放负外部性与碳减排目标的能力也将大大提高。

另一方面，碳交易给控排企业带来额外的成本，如履约成本、配额成本、转嫁成本等。其中，履约成本是指控排企业为了完成履约任务不得不花费额外的成本购买配额；配额成本是指在有偿分配时，控排企业获得初始配额所花费的成本；转嫁成本是指控排企业为了规避履约责任，将生产经营活动转移至碳市场管控区域以外所花费的成本。履约成本是碳交易机制给控排企业带来的核心成本，配额成本、转嫁成本是在碳市场发展过程中可能出现的成本。上述额外的成本将对控排企业的竞争力造成冲击，因此如果覆盖范围无差别的话，那么对碳排放量较小的行业企业将有失公平性。

第六节　碳市场总量设定的经济学分析

碳排放是一个典型的环境负外部性问题，碳市场就是运用市场机制解决该负外部性的环境政策工具。其中，总量设定是要确定碳市场在某个时期的配额总量，最终目的是为了实现区域温室气体控制总体目标，反映的是对碳排放负外部性的总量控制。当前碳市场总量设定实践中的主要做法有两种：在初始年度确定的配额总量基础上，逐年按一定比例递减，比如欧盟碳市场；基于碳排放强度对控排企业进行配额分配，加总后得到配额总量，此后总量设定时逐年加强对碳排放强度的控制，比如全国碳市场。不过，无论哪种做法，配额总量设定的趋势均是逐年收紧。如前所述，这种特征是为了与地区温室气体控制总体目标相适应。

从经济学角度来讲，碳市场总量设定的一个重要原则是保证配额的稀缺性，即分配的配额总量应该小于控排企业实际排放的温室气体数量。因为从理论层面来说，基于科斯定理和外部性理论建立起来的碳市场，必须要起到促进控排企业节能减排的作用。很显然，如果配额总量高于实际排放总量，这种激励作用将无法得到有效发挥。在以免费分配方式为主的碳市场中，这种情况将进一步放大。例如，由于配额总量过剩，欧盟配额现货价格在第一阶段期末几乎为零；同样由于配额总量过剩，重庆碳市场碳价格一度跌至1元/吨。需要说明的是，导致配额总量过剩问题的根本原因在于控排企业碳排放的基础数据质量参差不齐。如果控排企业排放的基础数据质量高，那么基于这些基础数据设定的配额总量就应该是合理的。这也是全国碳市场以搭建制度框架、夯实管理基础、提升数据质量为市场建设初期目标的理论依据。

第七节　碳市场分配机制的经济学分析

当前碳市场分配方法分为免费分配和有偿分配两种。免费分配主要有历史排放法、基准线法等。其中，历史排放法，也称祖父法，是指依据控排企业历史排放量进行配额分配的方法；基准线法，也称标杆法，是指基于行业碳排放强度基准值分配配额，行业碳排放强度基准值一般根据纳入行业所有企业的历史碳排放强度水平、技术水平、减排潜力以及与该行业有关的产业政策、能耗目标等综合确定。相比之下，历史排放法操作简单，基准线法对数据质量有较高要求。有偿分配法主要以拍卖为主。

免费分配方法中，历史排放法对历史排放高的企业分配较多的配额，对历史排放低的企业分配较少的配额，存在“鞭打快牛”等逆向选择问题。实践中，该方法往往引起配额总量过剩，导致碳市场供过于求、市场活跃度低等问题。相比之下，基准线法由于体现了控排企业的行业特征、技术水平、减排潜力等综合信息，从而更加反映了初始分配的公平性。特别是，两种方法对碳市场供求的影响存在明显差异：从总量上看，基准线法往往采用高于行业平均水平的较高基准值，因此使得基于该方法分配的配额总量要低于基于历史排放法分配的配额总量；从结构上看，基准线法对行业中技术水平高的控排企业分配更多的配额，这类企业往往是碳市场的供给方（优势方），反之则相反。这与历史排放法形成截然不同的分配结果。因此，基准线法相比历史排放法更具经济学理论优势。实践中，历史排放法更像是一种碳市场运行初期的“权宜之计”，随着碳市场的不断发展与完善，基准线法将逐步占据主导地位。

从经济学角度看，拍卖等有偿分配比免费分配有诸多明显的优势：第一，对控排企业来说，通过拍卖获得配额直接将碳排放内化为企业的显性成本，这将大大增加碳交易对控排企业的激励作用；第二，拍卖分配过程更加透明，更加符合污染者付费的公平原则；第三，配额拍卖可以增加政府在发展清洁技术方面的收入，以及有效避免寻租、监管扭曲等问题；第四，配额拍卖对控排企业具有更优的成本效率优势，可以减少税收扭曲（Jensen 和 Rasmussen，2000）；第五，拍卖对二级交易市场的价格发现和市场流动性也有很好的促进作用。不过，配额拍卖也存在加重控排企业负担等问题，可能引起控排企业参与碳市场的强烈抵触情绪。加之碳市场运行初期，往往具有基础数据质量差、运行机制不完善等特征，因此国内外碳市场初期通过拍卖分配的配额比例相当小甚至为零，过渡到有偿分配为主的分配方式往往要经历很长一段时间。例如，当前全国碳市场的配额分配全部采用免费分配方式。

第八节　碳市场环境、经济效应分析与评估

一、碳市场环境效应分析与评估

碳市场的环境效应核心体现在碳减排效果上。从经济学理论角度，碳交易机制影响减排的理论机制主要体现在以下两个方面：一方面，从总体层面看，碳市场的覆盖范围和总量设定为区域内的控排企业碳排放总量形成了强制约束；另一方面，从控排企业层面看，碳交易对大部分控排企业来说是一种额外的成本，这种成本效应将促使控排企业减少碳排放。短期中，控排企业可以通过调整产量应对配额缺口；长期中，由配额缺口带来的额外成本，特别是当该成本超过使用低碳技术、新的生产工艺带来的成本时，将激励控排企业改进生产技术和工艺，转向更为绿色低碳高效的生产方式。因此，从理论上看，碳市场的推出将带来积极的环境效应。

世界银行统计数据表明，自 2005 年欧盟碳市场正式运行以来，欧盟温室气体排放总量呈逐年下降趋势，其中以电力部门的下降趋势最为明显。2005 年到 2015 年两种机制下合作的项目为欧盟提供了 380 万吨二氧化碳当量的减排量，其中清洁发展机制项下 76.79% 的减排量来自中国，联合履约机制项下 76.77% 的减排量来自乌克兰（刘志强，2019）。在我国，试点碳市场履约率均在 95% 以上[①]，其中湖北和上海碳市场履约率均为 100%，整体上保证了碳市场的总量控制目标。碳减排效果方面，2005—2015 年，碳市场使得试点地区控排行业的能源消费下降了 22.8%，碳排放量下降了 15.5%（曾诗鸿等，2022）。全国碳市场第一个履约周期报告数据显示，2020 年电力行业单位火电发电量碳排放强度相较 2018 年下降 1.07%，同时对已在开展纳入全国碳市场准备工作的钢铁、有色、建材等重点排放行业起到了促进低碳转型的作用。此外，通过抵

① 重庆碳市场未公布履约相关数据。

消机制，189 个自愿减排项目的业主获得约 9.8 亿元的收益。

大量经验证据也支持了上述理论观点。例如，Shen 等（2020）基于 PSM-DID 模型研究我国试点碳交易机制的减排效应，研究表明碳交易机制减少了约 1.3 亿吨碳排放。Zhang 等（2020）同样以我国试点碳交易机制为研究对象，认为碳交易为中国试点地区减排贡献了近 16.2%，且减排效应在东部地区更为显著。也有学者从部门的角度探讨了碳市场的环境效应，如孙睿等（2014）认为碳交易对能源部门的影响大于非能源部门，Li 等（2018）认为碳交易机制使我国电力部门到 2030 年实现减排量 10 亿吨。在此基础上，李治国和王杰（2021）发现由于碳交易政策溢出效应，试点地区相邻省市的碳排放也得到了抑制。类似的研究还包括沈洪涛等（2017）、刘传明等（2019）、吴茵茵等（2021）、董直庆和王辉（2021）、陈道平等（2022）。

二、碳市场经济效应分析与评估

在短期，温室气体减排活动必将承受一定的经济成本，但长期而言，不减排的经济成本更高。因此，理论上，碳市场是以一种提高而非妨碍经济效率的方式实现二氧化碳减排。具体来说，碳市场的经济效应主要体现在以下两个方面。

对企业而言，为了完成减排任务和应对不断上升的碳价格，增加研发投入、加强技术创新、改善经营管理已经成为企业的必选项，这客观上提升了企业发展质量和综合竞争力，有利于促进经济增长。进一步地，随着经营水平、技术水平的提高，企业不仅可以完成履约任务，还可以有富余的配额，从而对企业产生正向激励，形成一个良性循环。此外，随着社会公众绿色低碳意识的不断增强，消费者将更加青睐绿色低碳产品，对于那些积极投身碳减排行动的企业而言，将拥有更加广阔的市场空间。因此，长期来看，碳市场带给企业的更多是机遇而非挑战。

宏观层面来看，碳交易机制通过以下几个方面提高全要素生产率，进而有利于促进宏观经济发展：一是新技术、新工艺、全新的经营管理理念的全面推广；二是能源结构优化，主要表现为降低对化石能源的依赖，从而降低能源价格波动对宏观经济的影响；三是可持续发展、绿色低碳理念的普及和强化，为经济高质量发展提供强大动力；四是绿水青山、人与自然和谐相处的大环境，将大大提高经济整体运行效率。

目前学术界取得的经验证据中，大量成果支持了上述理论观点。微观层面，诸多学者运用双重差分模型、一般均衡模型等方法研究发现，碳交易机制对企业碳减排行为起到了正向激励作用，且主要体现在促进技术创新（胡珺等，2020）、产业结构升级（陈海龙等，2023）和投资效率提高（张涛等，2022）等方面。宏观层面的研究认为，碳市场的建立能够有效降低全社会能源成本，提高生产要素的福利和配置效率（Fan 等，2016），提高经济发展质量（邵帅和李兴，2022），从而缩小区域经济差距，促进区域协调发展。

第五章　我国碳市场运行机制研究

不同碳市场具有不同的运行机制设计，主要原因在于不同碳市场所属行政区域在经济发展水平、能源消费结构、资源禀赋等方面都具有比较明显的差距。因此，对试点碳市场的运行机制特征进行对比研究，对于深刻理解碳价格波动特征具有十分重要的作用。

第一节　碳市场覆盖范围研究

表5－1对深圳等7个试点碳市场在覆盖范围上的规定做了横向对比。从碳市场准入门槛来看，深圳碳市场设置了最高的门槛值，要求凡是年二氧化碳排放超过3000吨的企业都将被强制纳入深圳碳市场中。相比之下，湖北碳市场具有最低的准入门槛，仅强制纳入年二氧化碳排放超过120000吨的企业。从覆盖排放量的规模来看，除湖北碳市场（33%）、重庆碳市场（39.5%）外，其余碳市场覆盖企业的排放量占全省（市）的排放量均在40%及以上，其中，广东、上海和天津3个碳市场覆盖比例超过了50%。从覆盖行业来看，各个试点碳市场包含了电力、热力、钢铁、石化、化工、造纸、水泥和有色金属等行业（Zhang等，2014）。不同之处在于，北京碳市场覆盖了教育、医疗和公用事业等部门；上海碳市场覆盖了金融公司、机场和港口；深圳碳市场覆盖了公路运输；天津和重庆碳市场还包括油气开采部门。

准入门槛值和行业覆盖范围的设定直接影响碳市场控排企业数量。表5－1中公布了2013年和2016年各碳市场的控排企业数量，两个年份分别是碳市场成立首年和试验期结束后（发展期）的第一年，由于试验期和发展期内企业数量变化不大，因此其他年份的数据暂未公布。根据表中的数据可以看出，伴随着准入门槛从每年排放二氧化碳10000吨降至5000吨，北京碳市场的控排企业数量从490家迅速增加至981家。试验期结束后，湖北碳市场一方面将石化、化工、建材、钢铁、有色、造纸和电力等七大行业的准入门槛值从年排放二氧化碳120000吨大幅降低到20000吨，另一方面进一步扩大了行业覆盖范围，导致湖北碳市场控排企业数量增长十分明显。类似的还有上海碳市场。其他碳市场中，广东和深圳两个碳市场的控排企业数量也出现了较为明显的增长，而重庆和天津是仅有的控排企业数量没有增长甚至减少的两个碳市场。

表5－1　试点碳市场覆盖范围比较

碳市场（成立时间）	准入门槛（吨 CO_2/年）	企业数量	覆盖排放量占比	覆盖行业
北京（2013.11.28）	>10000（2013—2015） >5000（2016）	490（2013） 981（2016）	40%	电力、热力、水泥、石化、其他工业等；2015年后纳入交通运输业。
上海（2013.12.19）	>20000（工业） >10000（非工业）	191（2013） 368（2016）	57%	电力、钢铁、石化、化工等工业，以及航空、机场、港口、商场、宾馆等非工业。
天津（2013.12.26）	>20000	114（2014） 109（2016）	50%～60%	电力、热力、钢铁、化工、石化、油气开采、民用建筑领域等。
重庆（2014.06.19）	>20000	242（2014） 242（2016）	39.5%	电力、钢铁、化工、水泥、造纸、玻璃以及有色金属等工业。
广东（2013.12.19）	>20000	202（2013） 246（2016）	58%	电力、水泥、钢铁、石化行业等。
湖北（2014.04.02）	>120000（2014—2015） >20000（2016，七大工业） >120000（2016，其他行业）	138（2014） 236（2016）	33%	电力、钢铁、水泥、化工等12个工业部门；2015年后增至15个行业。
深圳（2013.06.18）	>3000（除建筑外） >10000m^2（建筑）	635（2013） 824（2016）	40%	电力、水务、制造业等工业以及大型建筑。

注：表中内容整理自各试点碳市场主管部门颁布的《碳排放管理暂行办法》及其他相关政府文件和文献资料。在"企业数量"一列中，括号里表示对应的履约年份，其中，2013年和2014年是对应碳市场正式成立的年份，2016年是碳市场试验期（2013—2015年）后的第一年。试点碳市场覆盖气体仅包括二氧化碳（重庆除外），因此不在表中单独列出。

第二节　碳市场配额分配机制研究

表5－2报告了各碳市场在总量设定与配额分配方面的规定。除了极少部分配额（一般不超过3%）用于拍卖外，其余配额均是基于历史排放法、排放强度法和基准线法等免费发放。碳市场运行初期存在着运行机制设计不够完善、排放数据质量较差、控排企业对碳市场的适应能力较低等诸多问题，免费分配配额体现出了一定的优势，比如，对能源密集型企业和出口型企业来说是一种补偿，可以减少这类企业遭受的潜在损失。相比之下，以拍卖为主的有偿分配方法则会显著增加控排企业面临的潜在损失（Goulder等，2010）。

表5-2 中国试点碳市场总量设定与分配方法比较

碳市场	年均配额总量	总量设定	分配方式
北京	0.5亿吨	水泥、石化等行业采用历史排放法，电力、热力等行业采用排放强度法，新进入者采用基准线法。	免费分配（2013—2014年），2015年开始预留不高于年度配额总量的5%用于定期或临时拍卖。
上海	1.5亿吨	除电力、航空、港口和机场采用基准线法外，其余行业采用历史排放法。	免费分配。
天津	1.5亿吨	电力、热力等行业采用排放强度法，钢铁、化工、石化、油气开采等行业采用历史排放法，新进入者采用基准线法。	免费分配（2013—2014年），2015年开始拍卖或固定出售部分配额。
重庆	1亿吨	全部采用历史排放法。运行首年的配额总量是通过将控排企业自主申报配额汇总得到，然后总量逐年线性递减。	免费分配。
广东	3.5亿吨	热电联产、水泥（原材料生产）、钢铁（短流程）、石化等行业采用历史排放法，水泥（熟料生产）、钢铁（长流程）等行业采用基准线法。	免费分配为主，拍卖比例3%。
湖北	1.2亿吨	电力、热力等行业采用基准线法，其他行业采用历史排放法。	免费分配为主，预留不超过年度配额总量的3%用于拍卖。
深圳	0.3亿吨	电力部门采用排放强度法，水务、商业建筑等采用基准线法，制造业采用竞争博弈分配法。	免费分配为主，拍卖为辅，拍卖比例不得低于年度配额总量的3%

注：表中内容整理自各试点碳市场主管部门颁布的《碳排放配额分配和管理方案》及其他相关政府文件和文献资料。历史排放法，即祖父法，因为试点碳市场均使用“历史排放法”的表述，因此表中沿用这一用法。

在所有进行碳配额拍卖的试点碳市场中，只有广东碳市场强制要求控排企业参与。首先，在广东碳市场运行第一年（2013），所有控排企业都被强制要求参与拍卖，而且只有通过拍卖获得3%的有偿配额后，剩余97%的免费配额才会被激活。从第二年开始，强制参与拍卖的规定有所松动，仅新建项目、新进入者被强制要求参与拍卖。从拍卖参与主体来看，第一年仅允许控排企业参与拍卖，不过从第二年开始机构投资者也获得了参与资格。其次，拍卖价格的设定经历了三个阶段：在第一年的7次拍卖中都设置了拍卖底价，每次底价均为每吨60元；第二年将统一的拍卖底价改为逐步升高的四个拍卖底价，并在年初进行了公布；目前，广东碳市场将拍卖底价与二级市场碳价格挂钩，避免拍卖价格与二级市场碳价格差异过大的局面。最后，广东碳市场还将保留价格与拍卖数量联系起来，必须同时达到条件，拍卖才会被认定为有效。广东碳市场系统且具有一定强制性的配额拍卖政策对于二级市场碳价格发挥了十分重要的指导作用（魏立佳等，2018）。

在计算配额总量时，试点碳市场对不同行业制定了不同的总量设定方法。其中，北京和天津碳市场使用了历史排放法、排放强度法和基准线法，上海、广东和湖北碳市场使用了历史排放法和基准线法，而深圳碳市场使用了排放强度法和基准线法。与上述碳市场不同的是，重庆碳市场采用了控排企业自主申报制度，即控排企业以监测年份中历史排放量最高一年的排放量为准申报配额，申报配额总量即重庆碳市场运行首年的配额总量。

第三节　碳市场抵消机制研究

抵消机制是试点碳市场的重要组成部分，它是指允许控排企业使用一定比例的经审定的减排量来抵消其部分减排义务，试点碳市场以中国核证减排量（Chinese certified emission reduction，CCER）表示。表5－3报告了试点碳市场抵消机制的具体内容，抵消机制差异主要体现在抵消比例、项目来源、区域限制等三个方面。

从抵消比例来看，各试点碳市场允许控排企业使用5%到10%不等的CCER来抵消上一年度的履约责任。其中，广东、湖北、深圳和天津四个碳市场抵消比例最高，北京和上海最低。一般来说，抵消比例越高，表明控排企业履约选择越灵活。

从可用以抵消的项目来源看，除上海碳市场外，其余碳市场均对项目来源做了一定的限制。其中，深圳和重庆碳市场对可适用的项目来源做了界定，北京碳市场对不可适用的项目来源做了界定，广东、湖北和天津碳市场则对可适用和不可适用的项目来源都做了界定。同时，部分碳市场对温室气体种类做了界定，如广东碳市场。此外，从表5－3可以发现，除上海、深圳外，其余碳市场都对水电项目进行了排除，而对有利于碳吸收的农业碳汇、林业碳汇做了考虑（如湖北、深圳、重庆）。

从区域限制来看，仅上海和重庆碳市场对于核证减排量的区域来源没有作出规定。其余碳市场中，一般要求产生CCER的项目主要来自试点碳市场所在行政区域。比如，北京碳市场要求京外项目产生的核证自愿减排量不得超过其当年核发配额量的2.5%，广东碳市场要求70%以上应当在本省温室气体自愿减排项目中产生。第二个考虑重点是与试点碳市场所在行政单位签订合作协议的省市，比如北京和湖北碳市场。此外，深圳碳市场分项目类别做了限制：最为严格的是对农村户用沼气和生物质发电项目、清洁交通减排项目、海洋固碳减排项目的区域限制，要求必须在本市行政辖区内或签署合作协议的省市；对风力发电、太阳能发电和垃圾焚烧发电项目的区域限制，包括部分省内地区、四川等15个省份以及签署合作协议的省市；对林业碳汇项目和农业减排项目没有区域限制。

表 5－3　中国试点碳市场抵消机制比较

碳市场	履约日期	抵消机制			
		抵消比例	项目类型	项目来源	区域限制
北京	截至6月15日	不超5%	CCER	非来自减排氢氟碳化物、全氟化碳、氧化亚氮、六氟化硫气体的项目； 非来自水电项目。	京外项目产生的核证自愿减排量不得超过其当年核发配额量的2.5%；河北省、天津市和与本市签署相关合作协议的地区优先。
上海	6月1日至30日	不超5%	CCER	无	无
天津	截至6月30日	不超10%	CCER	仅来自二氧化碳气体项目； 不包括来自水电项目。	优先使用京津冀地区自愿减排项目中产生的减排量。
重庆	截至6月20日	不超8%	CCER	节约能源和提高能效项目； 清洁能源和非水可再生能源项目； 碳汇项目； 能源活动、工业生产过程、农业、废弃物处理等领域减排项目。	无
广东	截至6月20日	不超10%	CCER	主要来自二氧化碳、甲烷减排项目，即这两种温室气体的减排量应占该项目所有温室气体减排量的50%以上； 非来自水电项目； 非来自使用煤、油和天然气（不含煤层气）等化石能源的发电、供热和余能利用项目。	70%以上应当在本省温室气体自愿减排项目中产生。
湖北	截至5月31日	不超10%	CCER	国家发展和改革委员会备案项目，其中，已备案减排量100%可用于抵消；未备案减排量按不高于项目有效计入期内减排量60%的比例用于抵消； 非大、中型水电类项目； 鼓励优先使用农、林类项目。	在本省行政区域内； 与本省签署了碳市场合作协议的省市，经国家发展和改革委员会备案的减排量可以用于抵消，年度用于抵消的减排量不高于5万吨。
深圳	截至6月30日	不超10%	CCER	可再生能源和新能源项目类型中的风力发电、太阳能发电、垃圾焚烧发电、农村户用沼气和生物质发电项目； 清洁交通减排项目； 海洋固碳减排项目； 林业碳汇项目； 农业减排项目。	不同项目类型有不同的区域限制。

注：表中内容整理自各试点碳市场官网上的相关政策文件。

第四节 碳市场其他机制设计研究

除了上述三种机制设计外，存储机制、惩罚机制、稳定机制以及 MRV 机制等也是碳市场运行的重要组成部分（见表5－4、表5－5）。

存储机制反映了控排企业所获配额的时效性。如果碳市场中允许储存，那么控排企业可以将节余的配额保留下来，用于下一年度额履约，否则只能选择出售。可以看到，在存储机制的规定上，各试点碳市场均允许上一年度剩余的配额可以储存至下一年度继续使用。碳市场作为一种新兴的环境管理工具，主管部门对碳市场之于企业乃至经济社会的影响还不能充分把握，这样的制度安排是为了尽可能避免对企业的生产经营造成过大的约束。如前所述，欧盟碳市场禁止第一阶段配额存储至第二阶段的规定，直接导致了欧盟碳价格在第一阶段末几乎为零。试点碳市场对存储机制的规定有两个特别之处：一是规定了时效性，比如北京和上海碳市场要求2016年前发放的配额有效期截至2016年；二是湖北碳市场规定只有通过交易获得的配额才能够储存至下一年度使用，这相当于比其他碳市场额外增加了一种交易需求，这一规定也是湖北碳市场在所有碳市场中具有最高活跃度的重要原因之一。

试点碳市场在违约处罚的规定上主要分为三种：一是单处罚金（北京、重庆、深圳碳市场）；二是处罚金且补缴未履约配额（上海、湖北和广东碳市场）；三是取消部分政策优惠（天津）。其中，罚金一般为市场（平均）价格的3～6倍。在此基础上，对未履约部分的数量惩罚上，上海碳市场要求下一年度扣除未履约部分同等数量的配额，而湖北和广东碳市场要求在下一年度双倍扣除。

与欧盟碳市场到第三阶段才推出市场稳定机制不同，绝大多数试点碳市场从成立之初就设计了市场稳定机制。在建立有市场稳定机制的碳市场中，大约2%～5%的年度配额被用于设立市场稳定储备，当市场价格大幅波动或市场流动配额数量过低时，这些碳市场可以通过拍卖或以固定价格出售部分配额，达到稳定市场的目的。相比之下，上海碳市场没有规定具体用于拍卖的配额所占比例；广东碳市场在锚定碳价格的同时还兼顾了拍卖数量；北京碳市场有回购配额的机制设计；湖北碳市场将对碳价格连续触及日内最低价或最高价的情况进行干预，以防止碳价格过低带来的风险。

表5－4 中国试点碳市场其他运行机制介绍

碳市场	存储机制	惩罚机制	稳定机制
北京	允许储存 （2016年前发放的配额有效期截至2016年）	未履约部分按市场均价的3～5倍处罚。	不超年配额总量的5%用于市场调节； 可通过拍卖、回购等手段进行市场调节（触发机制交易价格低于20元或高于150元）。

续表

碳市场	存储机制	惩罚机制	稳定机制
上海	允许储存（2016年前发放的配额有效期截至2016年）	补缴未履约部分，且处5万元以上10万元以下罚款。	在履约到期日前组织拍卖
天津	允许储存	未履约企业3年内不得享受有关优惠政策。	价格波幅过大时，采用拍卖或固定价格出售等方式稳定市场。
重庆	允许储存	未履约部分按市场最高价的3倍处罚。	
广东	允许储存	下年度扣除未履约部分2倍配额，并处5万元罚款。	年配额总量的5%用于市场调节。
湖北	经交易获得的配额可以储存至下一年度	下年度扣除未履约部分2倍配额，并处市场均价的1~3倍且不超过15万元的罚款。	不超过年配额总量的3%用于市场调节。
深圳	允许储存	未履约部分按市场均价的3倍处罚。	年配额总量的2%用于设立价格平抑储备配额。

注：表中内容整理自各试点碳市场官网上的相关政策文件。

MRV机制，即监测（Monitoring）、报告（Reporting）、核查（Verfication）机制，是为了保证控排企业碳排放数据的真实性、准确性和可靠性，因此是支撑碳市场可持续发展的基础。从表5－5可以看出，自试点碳市场运行以来，国家层面出台了一系列政策文件，为MRV机制的有效运行提供了基本保障。此外，各地碳交易所也结合当地实际情况出台了各自的核查办法。当然，我国MRV机制还存在诸多问题（孙天晴等，2016），离保证碳排放基础数据的真实性、准确性和可靠性的要求还有一定差距。

表5－5　我国碳市场MRV机制国家层面政策

颁布年份	政策文件	发布部门
2013—2015	行业企业温室气体排放核算方法与报告指南（试行）	国家发展和改革委员会
2015	《工业企业温室气体排放核算和报告通则》	国家发展和改革委员会
2016	《全国碳排放权交易企业碳排放补充数据核算报告模板》	国家发展和改革委员会
2016	《全国碳排放权交易第三方核查参考指南》	国家发展和改革委员会
2021	《企业温室气体排放报告核查指南（试行）》	生态环境部

从各试点市场的运行时间表来看（见表5－6），各市场遵循着先由控排企业递交经核证的上一年度排放报告，再上缴与上年度实际排放量相等配额（履约）的时间逻辑。在本年度配额发放时间的设计上，上海碳市场对于2013—2015年的配额进行一次性发放，这种做法实际上增加了控排企业的灵活性。

表 5－6　中国试点碳市场重要节点时间表

地区	N－1 年度核查报告提交日期	N－1 年度履约日期	N 年度配额发放日期
北京	截至 4 月 30 日	截至 6 月 15 日	每年 6 月 30 日
上海	截至 3 月 31 日	6 月 1 日至 6 月 30 日	一次性发放 2013—2015 年的配额
天津	截至 4 月 30 日	截至 6 月 30 日	每年 7 月 31 日
重庆	未报告	截至 6 月 20 日	每年 4 月 20 日后的两个工作日内
广东	截至 4 月 30 日	截至 6 月 20 日	每年 7 月 1 日
湖北	截至 4 月 30 日	截至 5 月 31 日	每年 6 月底
深圳	截至 4 月 30 日	截至 6 月 30 日	每年第一季度

注：表中内容整理自各试点碳市场官网上的相关政策文件。

第六章　我国碳市场价格波动与风险特征研究

1952 年，马科维茨（Markowitz）在其经典论文《资产选择》（*Portfolio Selection*）中提出了运用“均值—方差”框架（mean - variance framework）选择投资组合的方法。这一方法及其所奠定的基于收益分布一阶矩和二阶矩的分析框架，成为后续诸多经典金融理论和工具发展的基石。例如，为了刻画资产收益率条件方差聚集性（clustering）和杠杆效应（leverage effect）等典型特征，恩格尔（Engle，1982）提出的自回归条件异方差模型（Autoregressive Conditional heteroskedasticity，ARCH）；皮勒斯勒夫（Bollerslev，1986）提出的广义自回归条件异方差模型（generalized autoregressive conditional heteroskedasticity，GARCH）；以及格洛斯顿（Glosten）等（1993）、戈登（Gordon，1996）分别提出的可以描述杠杆效应特征的 GJR 模型和 NAGARCH 模型。

然而，就在“均值—方差”框架吸引了众多学者注意力之后的很长一段时间里，马科维茨在论文最后曾经指出的一个重要问题却没有得到足够的关注：当投资者的效用函数中不只包括资产收益的一阶矩（均值）和二阶矩（方差），还包括三阶矩（偏度）信息时，即使是“经过精密计算的公平交易”，只考虑前两阶矩的投资者也无法作出准确而合理的选择，因此应该基于三阶矩等其他信息对“均值—方差”框架做进一步的完善。之后，利维（Levy，1969）、萨缪尔森（Samulson，1970）同样强调在资产组合选择过程中必须同时考虑一阶矩（预期收益）、二阶矩（波动率）和高阶矩（higher - moments）[①] 信息。

为了描述高阶矩的时变特征，学者们提出了两种方法：一种是运用现有典型分布中的非对称参数或厚尾参数时变化来考察高阶矩的时变特征（Hansen，1994；Brooks 等，2005；Lanne 和 Pentti，2007）；另一种是矩动态化，即在常用的 GARCH 族模型基础上逐步向三阶矩和四阶矩扩展得到时变高阶矩波动模型。其中比较有代表性有哈维（Harvey，1999）提出的可以同时描述资产收益率时变条件方差和时变条件偏度特征的自回归条件方差—偏度模型（GARCHS）。有学者加入了时变条件峰度信息，提出了自回归条件方差—偏度—峰度模型（GARCHSK）。他们的研究发现，与条件方差一样，条件偏度和条件峰度也具有波动聚集性、持续性等时变特征（Jondeau 和 Rockinger，

① 对于四阶矩以上的收益分布矩，由于很难确定其明确的经济学内涵，所以目前绝大多数金融学文献中的高阶矩都是指三阶矩和四阶矩。

2003；Leon 等，2005）。为了进一步考察条件偏度和条件峰度中可能存在的杠杆效应，许启发（2006）、王鹏等（2009）分别提出了非对称自回归条件方差—偏度—峰度模型 NAGARCHSK 模型与 GJRSK 模型。黄卓和李超（2015）考察了参数动态化法与矩动态化法对标普500 指数和沪深300 指数时变高阶矩特征的刻画能力，研究发现两种方法都具有较好的实证表现。

相比其他资产价格，碳价格可能更容易受到冲击，从而出现极端波动的概率更高，而传统的二阶矩无法对极端波动进行充分刻画，必须借助四阶矩来完成。尽管现有文献对碳价格波动特征做了诸多有益的探索，但仍然局限于“均值—方差”二维框架，并没有考虑碳价格的偏度（三阶矩）和峰度（四阶矩）的时变特征。因此，全面考察碳价格变化的方差、偏度和峰度如何随时间变化，并运用恰当的时间序列工具来描述这种变化，无疑可以为我们更为深刻地认识碳价格的复杂变化规律以及更为有效的碳市场风险管理等提供重要帮助。

需要进一步指出的是，对未来波动率的预测能力是判断波动模型优劣最重要的标准（Hansen 和 Lunde，2006）。现有文献中，评价波动模型预测能力的标准往往是依据某种损失函数（如常用的 MAE、MSE 等①）。然而，上述预测方法只是基于单一样本和单一损失函数取得的结论，不仅计算结果容易受到样本中个别异常值（outliers）的严重影响，而且学术界迄今为止也没有对采用哪一种损失函数作为衡量预测精度的标准形成共识，从而使得这些研究结论缺乏稳健性。为了解决这一问题，汉森和伦德（Hansen 和 Lunde，2005）提出了一种基于自举法（bootstrap）的 SPA（superior predictive ability）检验法，他们的研究结论表明，相比单一损失函数法，SPA 不仅可以同时考虑多种损失函数，还可以推广到类似的数据样本中去，因此得到的预测结论具有更好的稳健性。

基于上述认识，考虑到受经济发展水平、资源禀赋、能源消费结构等影响，不同碳市场有不同的运行机制设计，使得各碳市场的价格形成机制也不相同。因此，本章以代表性的试点碳市场为研究对象，将试点碳市场的价格波动及风险特征相互对照。研究目的如下：运用时变高阶矩波动模型对碳市场波动建模，在全面考察其波动特征的同时，运用更加稳健的 SPA 方法检验该类模型的预测精度；在此基础上，进一步考察时变高阶矩效应在碳市场风险测度中的适用性。

第一节　数据与描述性统计

一、数据说明

重庆碳市场和天津碳市场是最不活跃的试点碳市场，碳市场运行以来仅约 30% 的

① MAE，Mean Absolute Error，平均绝对误差；MSE，Mean Square Error，均方误差。

交易日有配额交易。虽然深圳碳市场也有非常不错的市场表现，但与其他市场不同的是，该市场同一个时期同时有多个配额品种进行交易。比如，2020 年该市场上共有 SZA－2013 等 7 个配额品种在交易。然而，配额品种之间并不存在实质上的价值差异①，但价格差异十分明显，这就为研究对象的选择带来了困难。因此，我们首先将深圳碳市场以及最不活跃的重庆碳市场和天津碳市场从后续的实证研究中予以剔除。

在此基础上，进一步剔除市场表现一般且在连续较长时间内没有交易的上海碳市场。虽然北京碳市场的总体交易情况与上海碳市场类似，但在所有碳市场中，北京碳价格波动模式和交易行为都表现出了相对更好的稳定性，这一点也得到了相关学术成果（Lin 和 Chen，2019）的认可，客观反映出该市场的配额供需相对更加均衡（Zeng 等，2017）。最终，北京碳市场、湖北碳市场与广东碳市场将作为中国试点碳市场的代表纳入后续经验研究中。为了便于比较，北京、广东和湖北碳市场的数据样本截止日期统一为 2020 年 12 月 31 日。起始日期为各试点碳市场的开市之日。

二、描述性统计

图 6－1 展示了试点碳市场的碳价格和碳收益率运动轨迹。

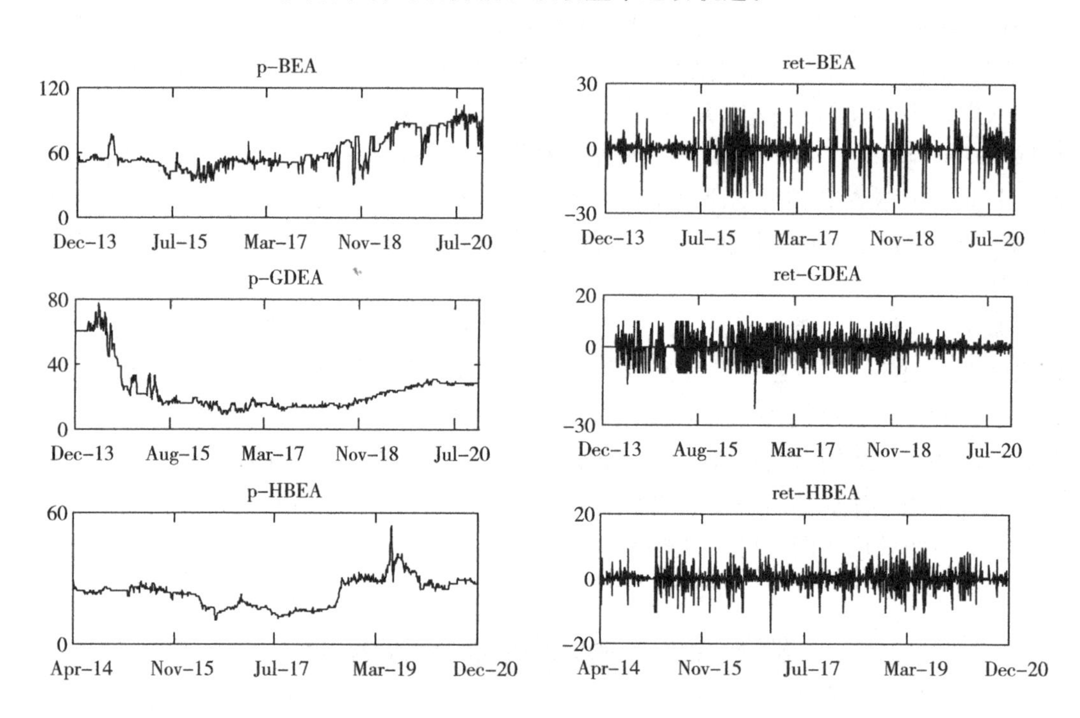

图 6－1　试点碳市场碳价格与碳收益率走势

可以直观发现，试点碳市场碳收益率都表现出了明显的波动聚集性特征，即大的波动往往以集中的方式呈现。总体来说，中国试点碳市场的流动性明显偏低。这主要

① 无论哪个品种，1 单位配额都只代表排放 1 吨温室气体的权利，即都可以用于履行减排责任。

表现为各试点碳市场碳收益率出现了较多的零值，说明配额交易间断时有发生。流动性不足进一步导致试点碳市场受到外部冲击时更容易出现大幅波动。此外，试点碳市场碳价格差异较为明显，试点省市在经济发展水平、能源消费结构、资源禀赋以及配额分配方法、拍卖制度、交易制度、抵消机制等运行机制方面的不同都可能是造成这种差异的主要原因。例如，2014 年 9 月 26 日，广东碳市场的配额拍卖底价由之前的每吨 60 元大幅下调至 25 元后，引起二级市场交易价格迅速从每吨 57 元下跌至 26 元，反映出广东的配额拍卖价格对二级市场碳价格具有很强的导向作用。

基于本章的研究目的，将样本区间划分为样本内估计区间与样本外预测区间。其中，样本内估计区间为各碳市场开市之日至 2019 年 12 月 31 日，样本外预测区间为 2020 年 1 月 2 日至 2020 年 12 月 14 日。若记第 i 个碳市场在第 t 日的碳价格为$P_{i,t}$，则第 i 个碳市场在第 t 日的对数收益率通常可以表示为：

$$r_{i,t} = 100(\ln P_{i,t} - \ln P_{i,t-1}) \tag{6-1}$$

表 6 - 1 报告了碳收益率在不同样本区间的描述性统计结果。各市场由于起始时间不一致以及在休市政策上的差异，导致了不同序列的样本总量不一致。总体上，北京碳市场的波动性最高；湖北碳市场的波动性最低；广东碳市场在运行初期具有较高的波动性，但下降趋势明显。

表 6 - 1　试点碳收益率描述性统计结果

碳市场	样本区间	样本量	均值	标准差	偏度	峰度	J - B	Q（10）	ADF
北京	2013. 11. 28—2020. 12. 31	1703	0. 034	5. 638	-0. 775	9. 809	3460. 926 ***	54. 437 ***	-32. 591 ***
	2013. 11. 28—2019. 12. 31	1478	0. 021	5. 609	-0. 841	10. 142	3315. 857 ***	46. 521 ***	-41. 332 ***
	2020. 01. 02—2020. 12. 31	225	0. 117	5. 838	-0. 388	7. 871	228. 028 ***	16. 201 *	-13. 204 ***
广东	2013. 12. 19—2020. 12. 31	1700	-0. 044	4. 236	-0. 372	4. 554	210. 142 ***	18. 741 **	-42. 814 ***
	2013. 12. 19—2019. 12. 31	1475	-0. 052	4. 508	-0. 349	4. 076	101. 239 ***	16. 346 *	-39. 634 ***
	2020. 01. 02—2020. 12. 14	225	0. 008	1. 528	-0. 208	5. 742	72. 094 ***	79. 705 ***	-13. 209 ***
湖北	2014. 04. 02—2020. 12. 31	1600	0. 015	2. 839	-0. 121	7. 051	1098. 134 ***	34. 406 ***	-43. 540 ***
	2014. 04. 02—2019. 12. 31	1405	0. 014	2. 905	-0. 150	6. 960	923. 448 ***	28. 621 ***	-39. 369 ***
	2019. 12. 31—2020. 12. 31	195	0. 021	2. 311	0. 323	6. 565	106. 634 ***	52. 498 ***	-23. 165 ***

注：***、**、* 分别代表在 1%、5% 和 10% 的概率水平显著。正态分布情形下，偏度值为 0，峰度值为 3。J - B 为 Jarque - Bera 统计量，Q（10）为滞后 10 期的 Ljung - Box Q 统计量，ADF 为单位根检验。

全样本中，所有市场的碳收益率序列都呈现出左偏（left skewed）形态，表明与正态分布的情形相比，碳收益率下降的概率要高于上升的概率。此外，各碳收益率序列具有尖峰肥尾（leptokurtic and fat tailed）特征，表现为各序列的峰度值都明显大于 3（正态分布下的峰度值）。尖峰肥尾特征意味着相比正态分布的情形碳收益率出现极端值的可能性更大。碳收益率偏度和峰度在全样本中表现出来的这些典型特征，同样也体现在样本内数据和样本外数据中（仅湖北碳收益率在样本外预测区间内呈右偏形态）。所有的 J - B 统计量均在 1% 的概率水平下显著，也拒绝了碳收益率服从正态分布的假定。Q 统计量全部显著，表明碳收益率序列还具有显著的自相关性。ADF 单位根检验结果表明所有碳收益率序列都具有平稳性，可以直接做下一步分析和计量建模。

第二节 真实波动率的估计

与波动特征刻画密切相关的另一个问题是，能够对碳市场实际波动特征进行良好刻画的模型，是否也能够取得更优的样本外波动率预测精度。为了判别不同波动模型对国内试点碳市场未来波动率的预测能力，首先需要选择一种可靠的方法来估计不同碳市场的“真实”波动率，再以科学的方法对预测波动率和“真实”波动率之间的偏差进行评判。对于估计“真实”波动率这一问题，Andersen 等（2003，2005）认为与传统的日收益率平方相比，使用基于日内高频数据的已实现波动率（realized volatility）度量市场“真实”波动率有着更为可靠的理论依据。

以 5 分钟日内高频数据为例，若记某个碳市场在第 t 日第 d 个 5 分钟的碳价格为 $P_{t,d}$，则第 t 日每 5 分钟的高频碳收益率可由公式（6－2）表示：

$$r_{t,d} = 100(\ln P_{t,d} - \ln P_{t,d-1}) \tag{6-2}$$

根据定义，该碳市场第 t 日的实现波动率RV_t是当日高频收益率平方加总，如公式（6－3）所示：

$$RV_t = \sum r_{t,d}^2 \tag{6-3}$$

然而，虽然使用实现波动率度量“真实”波动率更加具有可靠性，但是中国试点碳市场仅有碳价格日度数据。因此，综合考虑高频数据的可获得性和结论的可对比性，本章仍然运用传统的日收益率平方来估计试点碳市场的“真实”波动率。换句话说，第 i 个碳市场在第 t 日的“真实”波动率由公式（6－4）表示：

$$\sigma_{i,t} = r_{i,t}^2 \tag{6-4}$$

第三节 波动模型与 SPA 检验

一、波动模型

（一）常数高阶矩波动模型

全面刻画碳市场实际波动状况并对未来波动率作出尽可能精确的预测，直接关系到碳市场风险管理的有效性。在有关金融时间序列波动建模的计量研究中，应用最为广泛的是 GARCH 族模型，例如常用的 GARCH 模型和 GJR 模型等。由于这类模型没有考虑资产收益率条件偏度和条件峰度的时变性，因此从矩属性层面来讲也被称作常数高阶矩波动模型。

碳收益率的描述性统计结果显示（见表6－1），各碳市场的碳收益率均值相对标准差都很小，同时考虑到研究重点是考察碳收益率波动特征，因此在建模时首先对各碳收益率序列做去均值化处理[①]。根据 Bollerslev（1986）的定义，最常用的 GARCH（1，1）模型可以表示为公式（6－5）和公式（6－6）：

$$r_t = \varepsilon_t = h_t^{1/2}\eta_t, \eta_t \mid I_{t-1} \sim D(0,1) \tag{6-5}$$

$$h_t = \beta_0 + \beta_1 \varepsilon_{t-1}^2 + \beta_2 h_{t-1} \tag{6-6}$$

公式（6－5）和公式（6－6）分别表示碳收益率的条件均值方程和条件方差方程。其中，r_t表示去均值化后的碳收益率，$h_t(h_t^{1/2})$表示条件方差（标准差），η_t为对随机扰动项标准化后的新生变量（innovation），并假定其服从标准正态分布，I_{t-1}为截至$t-1$期的信息集。条件方差方程各项系数需满足$\beta_1 \geq 0$，$\beta_2 \geq 0$，$\beta_0 > 0$，以确保条件方差严格为正，同时还要满足$(\beta_1+\beta_2) < 1$，以保证模型的平稳性。

除经典的 GARCH 模型以外，进一步考虑能够刻画金融市场典型杠杆效应特征的非对称 GARCH 模型，即 GJR（1，1）模型。该模型的条件方差h_t可以表示为：

$$h_t = \beta_0 + \beta_1 \varepsilon_{t-1}^2 + \beta_2 h_{t-1} + \beta_3 \omega_{t-1} \varepsilon_{t-1}^2 \tag{6-7}$$

公式（6－7）中，ω_{t-1}是一个虚拟变量，当受到负消息冲击时$(\varepsilon_{t-1} < 0)$，ω_{t-1}取1，否则ω_{t-1}取0。β_3为条件方差方程中的非对称系数，当其大于0时，意味着碳收益率受到1单位负消息冲击时所引起的条件方差波动$(\beta_1+\beta_3)$，要大于相同程度的正消息所引起的条件方差波动(β_1)，即碳收益率波动具有显著的杠杆效应。同时也可以看到，当$\beta_3 < 0$时，这种非对称效应倾向于使条件方差在受到负消息冲击时变得更小。

（二）时变高阶矩波动模型

本章选择通过矩动态化来为试点碳市场高阶矩波动进行建模。具体来说，在常数高阶矩波动模型的基础上，进一步运用 GARCHSK 和 GJRSK 等两种时变高阶矩波动模型，考察试点地区碳收益率条件偏度和条件峰度的时变特征。

GARCHSK 模型和 GJRSK 模型的条件偏度方程和条件峰度方程分别由公式（6－8）和公式（6－9）给出：

$$s_t = \gamma_0 + \gamma_1 \eta_{t-1}^3 + \gamma_2 s_{t-1} \tag{6-8}$$

$$k_t = \delta_0 + \delta_1 \eta_{t-1}^4 + \delta_2 k_{t-1} \tag{6-9}$$

其中，s_t表示时变条件偏度，k_t表示时变条件峰度。需要说明的是，GARCHSK（GJRSK）模型的条件均值方程和条件方差方程与 GARCH（GJR）模型的相同。不过，此时的ε_t服从包含均值、方差、偏度和峰度的任一分布［即$\varepsilon_t \mid I_{t-1} \sim D(0,h_t,s_t,k_t)$］，标准化后的$\eta_t$服从于$D(0,1,s_t^*,k_t^*)$。可以看出，时变高阶矩波动模型根据条件方差的结构定义了条件偏度方程和条件峰度方程，从而该类模型可以考察碳收益率的条件偏度和条件峰度的波动持续性和聚集性特征。

为了保证时变高阶矩波动模型中条件方差、条件偏度和条件峰度收敛，以及条件

① 将所有碳收益率序列减去对应的无条件均值。

方差和条件峰度为正，模型中各项系数需满足如下限制条件：$\beta_0 > 0$，$\beta_1 \geqslant 0$，$\beta_2 \geqslant 0$，$(\beta_1 + \beta_2) < 1$；$-1 < (\gamma_1, \gamma_2) < 1$，$-1 < (\gamma_1 + \gamma_2) < 1$；$\delta_0 > 0$，$\delta_1 \geqslant 0$，$\delta_2 \geqslant 0$，$(\delta_1 + \delta_2) < 1$。

为了实现对时变高阶矩波动模型的估计，最常用的方法是使用正态分布密度函数的 Gram - Charlier 序列（以下简称 GCE）展开并在四阶矩处截断。该方法将条件偏度和条件峰度内化为密度函数的两个参数，然后采用极大似然估计法进行估计。考虑到密度函数可能违背的非负限制和积分不为 1 等问题，Leon 等（2005）对展开后的密度函数进行了修正，修正后的形式如下：

$$GCE(\eta_t \mid I_{t-1}) = \Gamma_t^{-1} \times \varphi(\eta_t) \times \left(1 + \frac{s_t}{3!}(\eta_t^3 - 3\eta_t) + \frac{k_t - 3}{4!}(\eta_t^4 - 6\eta_t^2 + 3)\right)^2 \tag{6-10}$$

其中，$\Gamma_t = 1 + \frac{s_t^2}{3!} + \frac{(k_t - 3)^2}{4!}$，$\varphi(\eta_t)$ 为标准正态分布的概率密度函数。如果令 $\psi(\eta_t) = 1 + \frac{s_t}{3!}(\eta_t^3 - 3\eta_t) + \frac{k_t - 3}{4!}(\eta_t^4 - 6\eta_t^2 + 3)$，那么去除不必要的常数项后，$\varepsilon_t = h_t^{1/2}\eta_t$ 的对数似然函数可以表示为：

$$l_t = -\frac{1}{2}\ln h_t - \frac{1}{2}\eta_t^2 + \ln(\psi^2(\eta_t)) - \ln \Gamma_t \tag{6-11}$$

图 6 - 2 直观描述了 GCE 密度和标准正态密度之间的区别与联系。通过图 6 - 2 可以看出 GCE 密度在刻画资产价格非对称性和尖峰肥尾特征方面的优势：当 $s_t < 0$（$s_t > 0$）时，GCE 密度即表现为左偏（右偏）形态；当 $k_t > 3$ 时，表明 GCE 密度具有尖峰胖尾特征；特别地，当 $s_t = 0$ 且 $k_t = 3$ 时，GCE 密度等同于标准正态密度，即标准密度是 GCE 密度的一个特例。

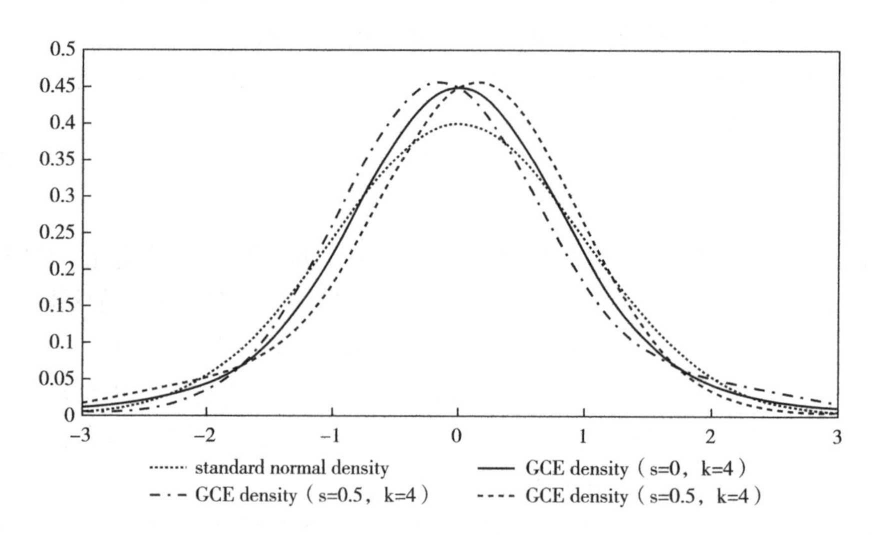

图 6 - 2　GCE 密度与标准正态密度

由于时变高阶波动模型本身存在着高度的非线性特征，所以初始值的选取对参数估计尤为重要。为解决这个问题，一般来说是采用从简单模型到复杂模型的步骤进行估计（Leon 等，2005；许启发，2006），即按照从条件方差方程到条件偏度方程再到条件峰度方程的先后顺序，逐步完成联合估计。具体来说，先估计条件方差方程和条件均值方程，然后将得到的参数估计值作为条件方差方程参数的初始值，再联合估计条件均值方程、条件方差方程以及条件偏度方程，以此类推，最终实现由条件均值方程到条件峰度方程的联合估计。

二、SPA 检验

除了运用不同矩属性波动模型对碳收益率的实际波动特征进行全面刻画外，本章还将考察这些模型对样本外波动率的预测精度。根据前文所述的方法得到“真实”波动率的估计值后，首先运用常用的滚动时间窗预测法获得样本外每一天的波动率预测值，记为 $\hat{\sigma}_t^2$。然后需要选择合适的损失函数，对不同波动模型得到的波动率预测值与“真实值”之间的偏差进行判断。然而，目前学术界对于应该使用哪一种损失函数作为判断标准并没有取得一致的结论。换句话说，如果在一次实证中发现一个模型比另一个模型具有更高的预测精度（具有更小损失函数值），仅能说明这是在特定的数据样本中运用特定损失函数得到的预测结果。很显然，这一结论无法推广到类似的数据样本或其他损失函数中去，从而缺乏可靠性。因此，在本章的 SPA 检验中，一共选取了 MAE、MSE、HMAE（Heterogeneous Mean Absolute Error，经异质性调整的平均绝对误差）、HMSE（Heterogeneous Mean Square Error，经异质性调整的均方误差）四种常用的损失函数，它们分别由以下公式定义：

$$\mathrm{MAE} = \frac{1}{T - T_1 - 1}\sum_{t=T_1}^{T} |\sigma_t^2 - \hat{\sigma}_t^2| \tag{6-12}$$

$$\mathrm{MSE} = \frac{1}{T - T_1 - 1}\sum_{t=T_1}^{T} (\sigma_t^2 - \hat{\sigma}_t^2)^2 \tag{6-13}$$

$$\mathrm{HMAE} = \frac{1}{T - T_1 - 1}\sum_{t=T_1}^{T} \left|1 - \frac{\hat{\sigma}_t^2}{\sigma_t^2}\right| \tag{6-14}$$

$$\mathrm{HMSE} = \frac{1}{T - T_1 - 1}\sum_{t=T_1}^{T} \left(1 - \frac{\hat{\sigma}_t^2}{\sigma_t^2}\right)^2 \tag{6-15}$$

公式中，T 表示样本总量，T_1 表示样本外第一个数据所处的位置，σ_t^2 和 $\hat{\sigma}_t^2$ 则分别表示 t 时刻的“真实”波动率和预测波动率。

汉森和伦德（2005）的研究表明，与使用单一的损失函数相比，SPA 检验法具有更加优异的模型预测精度判别能力，且该方法取得的结论具有更好的可靠性和稳健性。SPA 检验法的关键之处在于基于自举法得到检验统计量的分布及其显著性 p 值①，该显

① 本章实证中，重复自举过程 2000 次。

著性 p 值就是判断某个波动模型相比对比模型是否具有更优预测能力的依据。具体来说，如果模型甲相比模型乙的显著性 p 值更大，说明模型甲具有更好的预测能力；反之则相反。由于在 SPA 检验中模型甲对模型乙的显著性 p 值与模型乙对模型甲的显著性 p 值之和为 1，因此，在对比两个以上波动模型预测能力的优劣时，如果某一模型相比其他所有模型的显著性 p 值均大于 0.5，则表明该模型在所有模型中的预测能力是最高的。

第四节　风险测度模型与后验分析

时变高阶矩效应的存在对于碳市场有效的风险管理活动来说具有极其重要的理论和现实意义。以峰度为例，较大的峰度会导致碳收益率出现极端值的概率更大。如果进行风险测度时没有考虑到碳价格峰度系数的时变特征，而是像传统的波动率测度方法那样假定峰度系数为常数的话，那么在受到连续大幅冲击时，控排企业、机构投资者等参与者遭受极端风险甚至破产的概率将会大大增加。因此，精确和可靠的市场风险测度方法必须综合考虑碳收益率从二阶矩（方差）到四阶矩（峰度）的时变特征，否则就无法为后续的碳市场风险管理活动提供准确的决策依据。因此，本书在全面刻画碳价格波动特征后，进一步运用严谨的后验分析（backtesting），探讨 GARCH 模型、GJR 模型、GARCHSK 模型与 GJRSK 模型等四种波动模型在描述碳市场风险状况中的精确程度和适用范围。

一、VaR 计算及后验分析方法

VaR 是实务界和学术界测度金融市场风险的经典方法，它表示在一定概率水平和期限内，市场波动可能导致金融资产出现的最大损失收益率，通常可以表示为等式（6－16）：

$$VaR_t = \eta_q h_t^{1/2} \tag{6-16}$$

其中，h_t为估计或预测得到的 t 时刻波动率，分别由上述四种波动模型计算得到。η_q为所要考察的金融资产收益率分布的 q 损失分位数。在计算η_q时，对于常数高阶矩波动模型而言，由于本章考虑的是新生量服从标准正态分布的情形，因此η_q等同于标准正态分布下对应的分位数值。在时变高阶矩波动模型中，新生量被假定服从 GCE 分布，修正后的 GCE 密度函数由等式（6－10）表示。可以看到，由于 t 时刻的条件偏度s_t和条件峰度k_t可以由 GARCHSK 模型和 GJRSK 模型计算得到，因此时变高阶矩波动模型的分位数可由该密度函数得到。显然，与常数高阶矩波动模型只利用了时变方差信息不同，基于时变高阶矩波动模型的 VaR 计算综合考虑了从二阶矩到四阶矩的时变信息。

在对 VaR 测度进行后验分析时，最常用的方法是 Kupiec（1995）提出的对 VaR 失败率是否准确的非条件覆盖检验（unconditional coverage test）。换句话说，检验观测到的 VaR 失败率是否等于期望的 VaR 失败率，并通过构造如下似然比检验统计量进行判别：

$$LR = -2 \times \ln \frac{(1-q)^{T_0} \times q^{T_1}}{(1-T_1/T)^{T_0} \times (T_1/T)^{T_1}} \sim \chi^2(1) \qquad (6-17)$$

式中，T 表示样本总量，T_1 表示 q 分位下收益率超过 VaR 的次数，T_0 等于 T 减去 T_1。上述统计量服从自由度为 1 的卡方分布。如果 q 分位水平时 LR 统计量小于临界值的话，则应接受原假设，即所采用的波动模型足够准确；反之，则要拒绝原假设。

进一步来讲，为了对比不同矩属性波动模型的风险测度精度，此处所采用的定量标准是比较相应的非条件覆盖检验显著性 p 值。具体来说，如果某一波动模型取得的显著性 p 值越大，表明越不能拒绝原假设，即该模型的风险测度精度越高；反之则相反。

克里斯托弗森（Christoffersen，1998）认为仅仅对失败率进行检验是不够的，收益率超出 VaR 的情况是否在时间上独立（independence）也需要检验，并提出了条件覆盖检验（conditional coverage test）。具体细节参考克里斯托弗森（1998），此处不再赘述。

为稳健起见，本章对 VaR 测度的后验分析同时在非条件覆盖和条件覆盖两种检验方法下展开，并且分别记为 LR^{uc} 和 LR^{ind}。

二、ES 计算及后验分析方法

考虑到 VaR 测度存在诸如忽略极端尾部风险分布状况、不满足次可加性等问题，本章进一步运用更具理论优势的 ES 测度指标。ES 理论定义为资产或资产组合损失超过一定分位数水平下 VaR 值的条件期望值，可由等式（6－18）表示（Artzner 等，1999）：

$$ES_t^q = -E_{t-1}(r_t \mid r_t < -VaR_t^q) \qquad (6-18)$$

在本章中，r_t 为日度碳收益率；q 为分位数，实证中选取常用的 0.5%、1%、2.5%、5% 和 10% 等五种概率水平。在对 ES 测度值进行估计时，采用切片法，即 N 等分区间（0，q），然后通过将 N 个 VaR 值求取期望以获得对 ES 的估计值。实证中 N 取 100。

对 ES 测度的后验分析是基于 McNeil 和 Frey（2000）提出的自举法（bootstrap），具体步骤为：

第一，假定 x_t 表示损失超过 q 分位 VaR 值的碳收益率，则可以根据如下等式定义超出残差 y_t：

$$y_t = \frac{x_t - ES_t^q}{h_t^{1/2}} \qquad (6-19)$$

第二，设超出残差 y_t 共有 M 个样本点，则由 y_t 序列与其均值 $\bar{y}$ 可产生一个新的序列 I_t（$t = 1,2,3,\cdots,M$），该序列即为初始样本：

$$I_t = y_t - \bar{y} \tag{6-20}$$

基于初始样本，进一步可得到如等式（4－8）所示的初始检验统计量值 $t_0(I)$：

$$t_0(I) = \frac{\bar{I}_0}{std(I_0)} \tag{6-21}$$

其中，$\bar{I}_0$ 、$std(I_0)$ 分别为初始样本的均值和标准差。为了得到检验统计量值 $t(I)$ 的分布状况及显著性 p 值，需要一共产生 M 个范围在 $\{1,2,3,\cdots,M\}$ 内且服从均匀分布的随机数，并按照每一个随机数指定的位置在I_t中找到对应的样本点，从而在初始样本中随机抽样产生一个新的样本。

第三，采用自举法从初始样本I_t中随机抽样 B 次，产生 B 个来自初始样本I_t的新样本，在本章后续的实证研究中 B 取2000。为了获取统计量 $t(I)$ 的经验分布，还需要对每一个自举样本按照等式（5－8）计算它们的检验统计量值，并依次记为 $\{t_1(I), t_2(I), t_3(I), \cdots, t_B(I)\}$ 。

第四，由于超出残差序列y_t经常呈明显的右偏分布，所以令检验备择假设为 $\mu_y > 0$ ，从而该检验属于单尾检验，其拒绝域位于右尾。计算出 $\{t_1(I), t_2(I), t_3(I), \cdots, t_B(I)\}$ 中大于 $t_0(I)$ 的情况在自举样本中的比例，这一比例即为检验波动模型对 ES 测度精确度的显著性 p 值。与 VaR 的判断标准类似，该 p 值越大，表明越不能拒绝原假设（$\mu_y = 0$），即说明该模型的 ES 测度精度越高。

第五节　波动预测实证研究

一、模型估计结果

表6－2 和表6－3 分别报告了基于常数高阶矩波动模型和时变高阶矩波动模型对碳收益率各序列全样本数据取得的估计结果。

表6－2　常数高阶矩波动模型估计结果

指标	北京		广东		湖北	
	GARCH	GJR	GARCH	GJR	GARCH	GJR
β_0	1.888*** (0.000)	1.843*** (0.000)	0.155*** (0.000)	0.152*** (0.000)	1.446*** (0.000)	1.534*** (0.000)
β_1	0.133*** (0.000)	0.109*** (0.000)	0.150*** (0.000)	0.166*** (0.000)	0.456*** (0.000)	0.403*** (0.000)
β_2	0.818*** (0.000)	0.823*** (0.000)	0.859*** (0.000)	0.860*** (0.000)	0.438*** (0.000)	0.408*** (0.000)

续表

指标	北京		广东		湖北	
	GARCH	GJR	GARCH	GJR	GARCH	GJR
β_3		0.034 ** (0.029)		-0.034 ** (0.046)		0.170 *** (0.003)
ln$L$	-3548.883	-3547.932	-2982.896	-2982.006	-2207.488	-2205.516

注：***、**、* 分别代表在1%、5%和10%的概率水平显著，括号中的数字表示t统计量的显著性p值。ln$L$为模型取得的极大似然估计值。

所有模型的估计结果均通过Winrats软件编程得到。从表6-2可以看出：

（1）GARCH模型中，β_2参数测度的是长期持续性（或波动聚集性），β_1参数测度的是短期持续性（Sadorsky，2012）。两个参数均在1%的概率水平下显著为正，表明碳收益率具有十分显著的长期持续性（或波动聚集性）和短期持续性特征。相比之下，湖北碳市场长期持续性特征明显更弱。与股票市场的相关结果相比，试点碳市场的短期持续性明显更高①。

（2）β_1与β_2之和反映了碳收益率条件方差的波动持续性特征，越接近于1说明持续性越强。结果表明试点碳市场都表现出了显著的波动持续性特征。不过，广东碳市场中两个参数之和大于1，这与Chang等（2017）的研究结论一致，表明相同单位未预期到的冲击将对广东碳收益率未来的条件方差形成更加持久的影响。

（3）β_3参数衡量的是碳市场波动中的非对称效应。从GJR模型估计的β_3结果来看，北京和湖北碳市场的β_3参数均显著为正，表明上述碳市场波动中存在显著的杠杆效应；广东碳市场的非对称效应参数为负，即这种非对称效应使广东碳市场在受到相同程度的负冲击时倾向于使条件方差减小。

基于GARCHSK模型和GJRSK模型的估计结果还可以看到碳价格波动在三阶矩和四阶矩层面的信息（表6-3）：

（1）同条件方差一样，碳市场的条件偏度和条件峰度也具有波动聚集性和持续性等时变特征，这表现为所有碳收益率序列的条件偏度参数（γ_1、γ_2）和条件峰度参数（δ_1、δ_2）均显著为正，且参数γ_2和δ_2的值也相对较大（接近0.5），表明在碳市场中一个大的条件偏度（峰度）后有较大可能会紧跟另一个大的条件偏度（峰度）。换句话说，除二阶矩风险外，碳市场还存在着显著的非对称（三阶矩）风险和极端（四阶矩）风险。

（2）从聚集性和持续性的强度来看，条件方差的聚集性和持续性强度普遍要明显高于条件偏度和条件峰度。这一定程度印证了实践中投资者更加关注资产价格方差变动的客观事实。但是，在湖北碳市场中，条件偏度和条件峰度表现出了更强的聚集性，这可能与湖北碳市场特殊的交易和储存机制设计有很大关联。湖北碳市场规定通过交

① 基于股票市场等资本市场的经验结果显示，资本市场资产收益率的β_1参数约为0.05，但是碳市场中该参数的取得估计值为0.13到0.45。

易获得的配额才允许储存至下一年度使用，额外增加了控排企业的交易需求，这也是湖北碳市场在试点碳市场中具有最高活跃度的重要原因之一。

表 6－3　时变高阶矩波动模型估计结果

指标	北京		广东		湖北	
	GARCHSK	GJRSK	GARCHSK	GJRSK	GARCHSK	GJRSK
β_0	1.705*** (0.000)	1.618*** (0.000)	0.122*** (0.000)	0.130*** (0.000)	1.628*** (0.000)	1.215*** (0.000)
β_1	0.131*** (0.000)	0.114*** (0.000)	0.133*** (0.000)	0.119*** (0.000)	0.432*** (0.000)	0.310*** (0.000)
β_2	0.796*** (0.000)	0.797*** (0.000)	0.843*** (0.000)	0.851*** (0.000)	0.247*** (0.000)	0.320*** (0.000)
β_3		0.034** (0.000)		-0.033*** (0.000)		0.186*** (0.000)
γ_0	0.052*** (0.003)	0.072*** (0.000)	-0.036*** (0.000)	-0.042*** (0.000)	0.026*** (0.000)	-0.024*** (0.000)
γ_1	0.048*** (0.000)	0.037*** (0.000)	0.059*** (0.000)	0.058*** (0.000)	0.045*** (0.000)	0.038*** (0.000)
γ_2	0.507*** (0.000)	0.503*** (0.001)	0.375*** (0.000)	0.466*** (0.000)	0.361*** (0.000)	0.450*** (0.000)
δ_0	1.238*** (0.000)	1.285*** (0.000)	1.227*** (0.000)	0.977*** (0.000)	1.102*** (0.000)	1.206*** (0.000)
δ_1	0.031*** (0.000)	0.035*** (0.000)	0.028*** (0.000)	0.049*** (0.000)	0.037*** (0.000)	0.022*** (0.000)
δ_2	0.512*** (0.000)	0.499*** (0.000)	0.458*** (0.000)	0.457*** (0.000)	0.450*** (0.000)	0.458*** (0.000)
$\ln L$	-3634.093	-3638.794	-3129.173	-3312.416	-2439.562	-2404.079

注：***、**、* 分别代表在1%、5%和10%的概率水平显著，括号中的数字表示t统计量的显著性 p 值。$\ln L$ 为模型取得的极大似然估计值。

为了更加直观地观察时变高阶矩波动模型对碳市场实际波动特征的刻画效果，图6－3展示了广东和湖北碳市场基于GARCHSK模型的条件偏度和条件峰度估计结果①。为了图形清晰起见，图6－3随机展示了两个碳市场在某个相同时间段（500个样本点）上的估计结果图，这样的处理不会对该部分的分析产生影响。

从图6－3中可以直观地看到：

① 基于GJRSK模型估计得到的条件偏度和条件峰度走势图与GARCHSK模型类似。同时，基于北京碳市场估计结果取得的结论与湖北和广东一致。因此，为简洁考虑，此处不公布基于GJRSK模型估计得到的图形以及北京碳市场的估计图形。

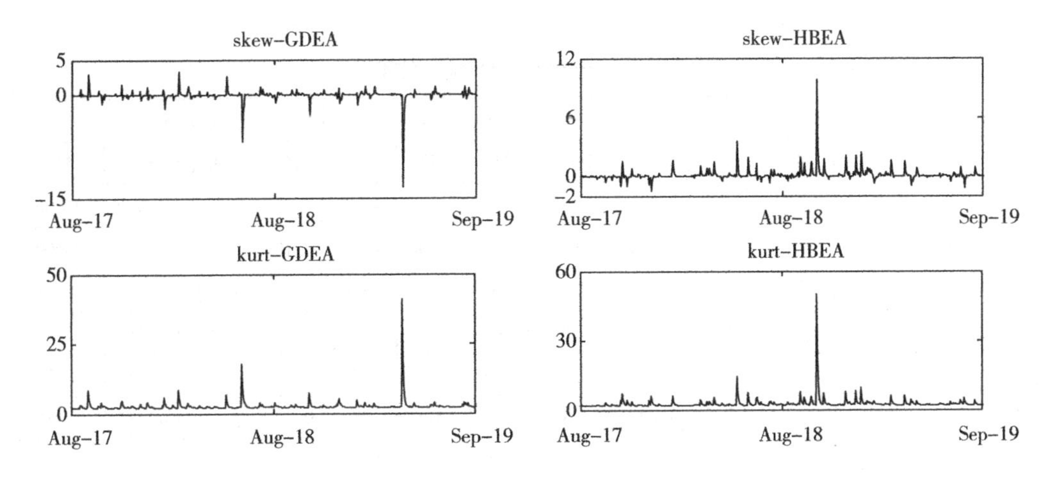

图 6-3　广东与湖北碳市场条件偏度和条件峰度估计结果

（1）碳收益序列条件偏度和条件峰度随时间不断变化，主要表现为大的条件偏度和条件峰度往往也是以集中的方式出现，只是这种特征普遍比条件方差要弱一些。同时，当碳收益率条件偏度较大时，条件峰度也较大，此时的条件方差也比较大，即碳市场波动的条件方差、条件偏度和条件峰度具有同步性。换句话说，当条件方差较大时，碳收益率发生偏斜或者出现极端值的概率也更大。

（2）碳市场波动呈现一定程度的履约期效应，即临近履约到期日的半年内更容易发生大幅波动。引起这种现象一个可能的原因是，试点碳市场属于现货市场，交易主体以控排企业为主，因此交易需求的主要目的是履约。临近每年的履约到期日，控排企业履约需求急剧增加，导致碳交易异常活跃和碳价格波动幅度增大。除了受到控排企业履约行为的影响外，重大公告事件也会对碳价格波动产生显著影响（Deeney 等，2016；Jia 等，2016）。

综上所述，碳收益率序列的条件方差、条件偏度和条件峰度都具有显著波动聚集性、持续性等时变特征，并且三者的变化具有同步性。实证结果证实，相比常数高阶矩波动模型，时变高阶矩波动模型能够对碳市场整体波动特征作出更为全面的描述。

二、基于 SPA 检验的波动率预测精度分析

表 6-4 是基于 2000 次 Bootstrap 得到的 SPA 检验结果，样本外预测区间为 2020 年 1 月 2 日至 2020 年 12 月 14 日。SPA 检验在 OxMetrics 软件中完成。表 6-4 中，第 2 列为基础模型，以后各列为对比模型，表中数字表示基础模型相比对比模型的 SPA 检验显著性 p 值。在同一损失函数标准下，基础模型相对于对比模型的 p 值与对比模型相对于基础模型的 p 值之和为 1。因此，若基础模型相对于对比模型的 p 值大于 0.5，则表明基础模型具有比对比模型更高的预测精度。以表 6-4 中第一行第一个数字 0.009 为例，它表示 GARCH 模型（基础模型）相对于 GJR 模型（对比模型）的 SPA 检验显著性 p 值为 0.009，即在 MAE 标准下，GJR 模型比 GARCH 模型在北京碳市场的波动率预

测中取得了更高的预测精度。

表 6-4 碳市场 SPA 检验结果

损失函数	基础模型	北京碳市场				广东碳市场				湖北碳市场			
		M1	M2	M3	M4	M1	M2	M3	M4	M1	M2	M3	M4
MAE	M1	—	0.009	0.000	0.000	—	0.003	0.000	0.000	—	0.892	0.000	0.000
	M2	0.991	—	0.000	0.000	0.997	—	0.000	0.000	0.108	—	0.000	0.000
	M3	1.000	1.000	—	0.044	1.000	1.000	—	0.041	1.000	1.000	—	0.785
	M4	1.000	1.000	0.956	—	1.000	1.000	0.959	—	1.000	1.000	0.215	—
MSE	M1	—	0.020	0.310	0.078	—	0.154	0.001	0.001	—	0.873	0.061	0.376
	M2	0.980	—	0.832	0.203	0.846	—	0.001	0.001	0.127	—	0.035	0.155
	M3	0.690	0.168	—	0.073	0.999	0.999	—	0.350	0.939	0.965	—	0.535
	M4	0.922	0.797	0.927	—	0.999	0.999	0.650	—	0.624	0.845	0.465	—
HMAE	M1	—	0.027	0.000	0.000	—	0.143	0.044	0.049	—	0.786	0.000	0.000
	M2	0.973	—	0.000	0.000	0.857	—	0.045	0.050	0.214	—	0.000	0.000
	M3	1.000	1.000	—	0.626	0.956	0.955	—	0.113	1.000	1.000	—	0.000
	M4	1.000	1.000	0.374	—	0.951	0.950	0.887	—	1.000	1.000	1.000	—
HMSE	M1	—	0.043	0.000	0.003	—	0.627	0.094	0.094	—	0.800	0.000	0.000
	M2	0.957	—	0.000	0.000	0.373	—	0.094	0.094	0.200	—	0.000	0.000
	M3	1.000	1.000	—	0.169	0.906	0.906	—	0.122	1.000	1.000	—	0.000
	M4	0.997	1.000	0.831	—	0.906	0.906	0.878	—	1.000	1.000	1.000	—

注：表中数字为基础模型相比对比模型的 SPA 检验显著性 p 值。其中，M1、M2、M3 和 M4 分别表示 GARCH 模型、GJR 模型、GARCHSK 模型和 GJRSK 模型，带下划线的数字是当前损失函数标准下最优预测模型的 SPA 检验显著性 p 值。

可以发现，时变高阶矩波动模型具有比常数高阶矩波动模型更高的样本外波动率预测精度，这表现为各种损失函数标准下，四阶矩的 GJRSK 模型与 GARCHSK 模型相对于常数高阶矩波动模型取得的 SPA 检验显著性 p 值都接近于 1。此外，不同碳市场适用的时变高阶矩波动模型不尽相同，这一定程度反映了不同碳市场具有不同的价格形成机制的事实。同时，上述结论也提醒我们，基于单一损失函数得到的结论具有一定的局限性。因此，在对比不同模型的波动率预测能力时，应该尽可能多地使用不同类型的损失函数。

综合来看，SPA 检验结论表明碳市场波动中确实蕴含着丰富时变偏度和时变峰度信息，将这些高阶矩信息纳入波动模型中将大大提高模型对未来波动率的预测能力。更为重要的是，这就意味着我们可以运用第 t 期的可得信息去预测第 $t+1$ 期碳收益的非对称特征和厚尾特征，这对碳市场进行有效的风险管理活动而言无疑具有十分积极的意义。

三、稳健性检验

考虑到数据样本可能对研究结论造成的影响，借鉴现有文献的做法（Lin 等，2014），对样本外区间长度做两次调整：一是样本内区间为各碳市场开市之日至2018年12月31日，样本外区间为2019年1月2日至2020年12月14日；二是样本内区间为各碳市场开市之日至2017年12月29日，样本外区间为2018年1月4日至2020年12月14日。

表6－5是基于样本外区间为2019年1月2日至2020年12月14日的SPA检验显著性结果。可以看到，表6－5与表6－4取得了类似的结论：碳市场中，四种损失函数下取得最高波动率预测精度的均是时变高阶矩波动模型；只不过与前文结论相比，某些情形下最优的时变高阶矩波动模型有些变化，但是并没有改变时变高阶矩波动模型具有比常数高阶矩波动模型更优的波动率预测精度这一主要结论。基于另外两种数据样本长度调整方法得到的结论与上述类似，此处不再单独报告。

表6－5 碳市场SPA检验稳健性结果

损失函数	基础模型	北京碳市场				广东碳市场				湖北碳市场			
		M1	M2	M3	M4	M1	M2	M3	M4	M1	M2	M3	M4
MAE	M1	—	0.004	0.000	0.000	—	0.942	0.000	0.000	—	0.929	0.000	0.000
	M2	0.996	—	0.000	0.000	0.058	—	0.000	0.000	0.071	—	0.000	0.000
	M3	1.000	1.000	—	0.000	1.000	1.000	—	0.000	1.000	1.000	—	0.375
	M4	1.000	1.000	1.000	—	1.000	1.000	1.000	—	1.000	1.000	0.625	—
MSE	M1	—	0.019	0.203	0.145	—	0.934	0.000	0.008	—	0.927	0.496	0.771
	M2	0.981	—	0.490	0.309	0.066	—	0.000	0.002	0.073	—	0.212	0.478
	M3	0.797	0.510	—	0.138	1.000	1.000	—	0.129	0.504	0.788	—	0.881
	M4	0.855	0.691	0.862	—	0.992	0.998	0.871	—	0.229	0.522	0.119	—
HMAE	M1	—	0.008	0.000	0.000	—	0.109	0.096	0.098	—	0.897	0.001	0.001
	M2	0.992	—	0.000	0.000	0.891	—	0.097	0.098	0.103	—	0.007	0.008
	M3	1.000	1.000	—	0.000	0.904	0.903	—	0.099	0.999	0.993	—	0.047
	M4	1.000	1.000	1.000	—	0.902	0.902	0.901	—	0.999	0.992	0.953	—
HMSE	M1	—	0.017	0.000	0.000	—	0.109	0.098	0.100	—	0.904	0.034	0.043
	M2	0.983	—	0.000	0.000	0.891	—	0.098	0.100	0.096	—	0.069	0.072
	M3	1.000	1.000	—	0.000	0.902	0.902	—	0.102	0.966	0.931	—	0.124
	M4	1.000	1.000	1.000	—	0.900	0.900	0.898	—	0.957	0.928	0.876	—

注：M1、M2、M3和M4分别表示GARCH模型、GJR模型、GARCHSK模型和GJRSK模型，带下划线的数字是当前损失函数标准下最优预测模型的SPA检验显著性 p 值。

第六节　风险测度实证研究

为了同时分析模型的样本内风险估计精度和样本外风险预测精度，本节将全样本划分为样本内区间与样本外区间。其中，样本外区间为2018年1月2日至2020年12月14日。本节首先对基于全样本数据估计得到的VaR和ES做后验检验，其次将全样本分为样本内数据和样本外数据，以进一步对不同模型的样本外VaR和ES预测效果进行检验。

一、VaR与ES估计精度分析

（一）VaR估计精度后验分析

根据式（6-16）所示的VaR计算方法，我们可以求出不同分位数水平（10%、5%、2.5%、1%、0.5%）下的VaR值。如前所述，为清晰起见，图6-4仅展示了广东和湖北碳市场基于GARCH模型与GARCHSK模型在1%分位数水平下的部分结果（第500～700个观测值）。针头图表示实际碳收益率，虚线和实线分别表示基于GARCH模型和GARCHSK模型的VaR计算结果。

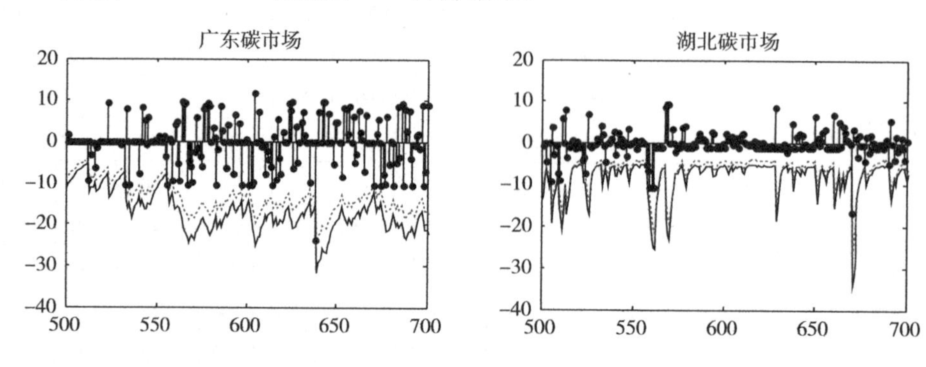

图6-4　1%分位数水平下碳市场VaR估计部分结果

从图6-4中的直观表象来看，GARCH模型与GARCHSK模型计算的VaR值具有明显的差异。总的来说，常数高阶矩波动模型（GARCH）似乎都有低估VaR的倾向。针对北京碳市场以及ES的计算结果与此类似，此处不再单独报告。当然，关于更为严谨和可靠的结论，需要通过系统的后验分析来得到。

表6-6报告了碳市场基于全样本估计得到的VaR后验检验结果。后续研究中，M1、M2、M3和M4分别代表GARCH模型、GJR模型、GARCHSK模型和GJRSK模型，而$N(q)$、LR^{uc}和LR^{ind}是用于检验风险测度精度的后验分析指标：$N(q)$中N表示q分位水平下实际的碳收益率超过对应模型VaR的发生个数，在实证结果中N后面括号中的数字为期望的碳收益率超过VaR的次数；LR^{uc}和LR^{ind}分别表示非条件覆盖检验与条件覆盖检验，实证结果中的数字为相应检验的显著性p值，p值越大意味着对应波动模型的风险测度精度越高。通过定量对比表中不同模型的后验检验结果（见表6-6），有如下发现：

表 6 - 6　碳市场 VaR 估计后验检验结果

q	后验指标	北京碳市场				广东碳市场				湖北碳市场			
		M1	M2	M3	M4	M1	M2	M3	M4	M1	M2	M3	M4
10%	$N(10\%)$	110（170）	109（170）	169（170）	169（170）	156（170）	153（170）	169（170）	169（170）	113（160）	115（160）	159（160）	159（160）
	LR^{uc}	0.000	0.000	0.916	0.916	0.252	0.163	0.936	0.936	0.000	0.000	0.934	0.934
	LR^{ind}	0.144	0.248	0.011	0.011	0.924	0.947	0.993	0.993	0.274	0.787	0.785	0.586
5%	$N(5\%)$	82（85）	79（85）	84（85）	84（85）	97（85）	95（85）	84（85）	84（85）	69（80）	71（80）	79（80）	79（80）
	LR^{uc}	0.725	0.489	0.898	0.898	0.191	0.274	0.911	0.911	0.197	0.293	0.908	0.908
	LR^{ind}	0.142	0.238	0.194	0.194	0.214	0.251	0.204	0.204	0.555	0.010	0.612	0.582
2.5%	$N(2.5\%)$	58（43）	60（43）	42（43）	42（43）	57（43）	53（43）	42（43）	42（43）	43（40）	42（40）	39（40）	39（40）
	LR^{uc}	0.023	0.011	0.929	0.929	0.032	0.116	0.938	0.938	0.635	0.751	0.872	0.872
	LR^{ind}	0.187	0.228	0.931	0.931	0.455	0.573	0.930	0.930	0.123	0.132	0.152	0.152
1%	$N(1\%)$	49（17）	50（17）	16（17）	16（17）	29（17）	30（17）	16（17）	16（17）	30（16）	28（16）	15（16）	15（16）
	LR^{uc}	0.000	0.000	0.800	0.800	0.008	0.004	0.806	0.806	0.002	0.006	0.800	0.800
	LR^{ind}	0.063	0.250	0.558	0.558	0.520	0.557	0.558	0.558	0.284	0.318	0.570	0.570
0.5%	$N(0.5\%)$	43（9）	42（9）	8（9）	8（9）	21（9）	21（9）	8（9）	8（9）	20（8）	21（8）	7（8）	7（8）
	LR^{uc}	0.000	0.000	0.858	0.858	0.000	0.000	0.862	0.862	0.000	0.000	0.717	0.717
	LR^{ind}	0.931	0.970	0.757	0.757	0.468	0.468	0.757	0.757	0.477	0.455	0.777	0.777

注：表中用下划线表示的数字是没有通过后验检验的状况。M1、M2、M3 和 M4 分别代表 GARCH 模型、GJR 模型、GARCHSK 模型和 GJRSK 模型。

首先，所有碳市场中，时变高阶矩波动模型表现出了相比常数高阶矩波动模型明显更优的 VaR 估计精度。这表现为时变高阶矩波动模型取得的碳收益率超出 VaR 的实际数与期望数非常接近，并且后验检验的显著性 p 值明显高于常数高阶矩波动模型，而拒绝“该波动模型是准确的”原假设的情形几乎都出现在常数高阶矩波动模型中。此外，同一矩属性波动模型的 VaR 估计精度并没有显著差异。

其次，常数高阶矩波动模型在广东和湖北碳市场的 VaR 估计中有相对较好的适用性。如前所述，实证结果与两个碳市场特殊的运行机制设计有关，比如广东的拍卖机制、湖北的交易和储存机制等。进一步讲，常数高阶矩波动模型未通过检验的状况大多发生在较高的概率水平下，比如 0.5% 和 1% 。这意味着常数高阶矩波动模型对碳市场极端波动的刻画往往是失败的，或者说，通常会明显低估实际市场风险的大小。

最后，在某些分位数水平（比如常用的 5%）下，常数高阶矩波动模型和时变高阶矩波动模型往往都能通过后验检验，但是不同模型的精确度却是相差甚远的。这一实证结果给我们的重要启示是，应该运用系统严谨的后验分析方法，对多种不同类型的模型在不同分位数水平下的风险估计精度做进一步的定量对比，以确定哪类模型更能准确刻画碳市场真实的风险状况。

（二）ES 估计精度后验分析

ES 表示的是损失超出 VaR 时碳收益率的条件期望值，因此由 ES 度量的碳市场风险更加“极端”和可靠。表 6－7 报告了基于全样本数据估计得到的 ES 测度后验检验结果。表中数字为后验检验的显著性 p 值，该值越高，表明模型估计的 ES 精度越高。

可以看到，与 VaR 估计结果的后验分析一致，时变高阶矩波动模型在 ES 估计中取得的显著性 p 值均显著高于常数高阶矩波动模型。实证结果表明，将碳收益率的时变偏度和时变峰度信息纳入后，的确大大提高了模型对碳市场的 ES 估计精度，或者说提高了对碳市场极端风险状况的描述能力；此外，同一矩属性的波动模型在 ES 估计精度上并没有明显差异；所有碳市场中，常数高阶矩波动模型均拒绝了“模型是准确的”原假设，这一结果再次表明常数高阶矩波动模型缺乏对碳市场极端风险状况的描述能力。

表 6－7　碳市场 ES 估计后验检验结果

碳市场	波动模型	10%	5%	2.5%	1%	0.5%
北京	GARCH	0.000	0.000	0.000	0.000	0.000
	GJR	0.000	0.000	0.000	0.000	0.000
	GARCHSK	1.000	1.000	1.000	1.000	0.996
	GJRSK	1.000	1.000	1.000	1.000	0.993
广东	GARCH	0.000	0.000	0.000	0.000	0.000
	GJR	0.000	0.000	0.000	0.000	0.000
	GARCHSK	1.000	1.000	1.000	1.000	0.997
	GJRSK	1.000	1.000	1.000	1.000	0.982

续表

碳市场	波动模型	10%	5%	2.5%	1%	0.5%
湖北	GARCH	0.000	0.000	0.000	0.000	0.000
	GJR	0.000	0.000	0.000	0.000	0.001
	GARCHSK	1.000	1.000	1.000	1.000	0.915
	GJRSK	1.000	1.000	1.000	0.999	0.959

注：表中数字表示 ES 后验检验的显著性 p 值。

二、VaR 与 ES 预测精度分析

（一）VaR 预测精度后验分析

该部分将全样本数据分为样本内和样本外区间，以进一步讨论不同矩属性波动模型在碳市场样本外风险预测中的适用范围和精确程度。其中，样本外预测区间为 2018 年 1 月 2 日至 2020 年 12 月 14 日。

风险预测运用常用的滚动时间窗（time rolling windows）法主要包括如下步骤：首先，以各碳市场开市首日至 2017 年底的观测值作为第一次的估计样本，对上述四种波动模型（GARCH、GJR、GARCHSK 和 GJRSK）进行估计，并得到未来一天的波动率预测值（2018 年 1 月 2 日）。对应概率水平下的损失分位数可以由假定的收益分布得到，从而根据公式（6 - 16）便可以得到未来一天的 VaR 预测值；其次，保持样本估计长度不变，将估计样本时间区间向后平移一天，以此作为新的估计样本得到新一天的波动率和 VaR 预测值；以此类推，就得到了整个样本外区间的 VaR 预测值。

表 6 - 8 报告了 VaR 样本外风险预测效果，可以看到，与样本内 VaR 估计后验结果类似：时变高阶矩波动模型具有明显优于常数高阶矩波动模型的样本外风险预测精度；同一矩属性波动模型在样本外风险预测上的精度并没有明显差异。不过，常数高阶矩波动模型对碳市场的样本外风险预测表现差异较为明显：常数高阶矩模型在广东和湖北碳市场的样本外风险预测中具有明显更强的适用性，在高分位水平（比如 1%、0.5%）下甚至与时变高阶矩模型取得的值不相上下。对于这种差异，我们认为主要是由于广东碳价格显著受到拍卖价格引导以及当湖北碳价格若连续触及日内最低价或最高价时，政府部门将采取监管措施的机制设计。实证结果再次证明了运行机制设计对碳价格形成的重要性。

（二）ES 预测精度后验分析

ES 预测后验检验结果如表 6 - 9 所示。实证结果表明，从 ES 预测角度来看，时变高阶矩波动模型表现出了比常数高阶矩模型明显更高的精度，且同一矩属性波动模型的 ES 预测精度大体一致；从不同碳市场的常数高阶矩波动模型预测效果来看，湖北和广东碳市场具有明显更强的适用性。

表 6－8　碳市场样本外 VaR 预测后验检验结果

q	后验指标	北京碳市场				广东碳市场				湖北碳市场			
		M1	M2	M3	M4	M1	M2	M3	M4	M1	M2	M3	M4
10%	$N(10\%)$	51（71）	51（71）	70（71）	70（71）	40（71）	40（71）	70（71）	70（71）	54（68）	56（68）	67（68）	67（68）
	LR^{uc}	0.008	0.008	0.881	0.881	0.000	0.000	0.861	0.861	0.061	0.109	0.878	0.878
	LR^{ind}	0.221	0.221	0.032	0.003	0.328	0.861	0.366	0.169	0.026	0.027	0.034	0.006
5%	$N(5\%)$	39（36）	38（36）	35（36）	35（36）	24（36）	24（36）	35（36）	35（36）	26（34）	28（34）	33（34）	33（34）
	LR^{uc}	0.565	0.683	0.918	0.918	0.033	0.033	0.904	0.904	0.138	0.269	0.846	0.846
	LR^{ind}	0.555	0.499	0.694	0.396	0.196	0.196	0.050	0.050	0.991	0.880	0.544	0.002
2.5%	$N(2.5\%)$	32（18）	32（18）	17（18）	17（18）	14（18）	14（18）	17（18）	17（18）	13（17）	14（17）	17（17）	16（17）
	LR^{uc}	0.002	0.002	0.847	0.847	0.338	0.338	0.837	0.837	0.300	0.440	0.990	0.795
	LR^{ind}	0.229	0.229	0.615	0.334	0.454	0.454	0.334	0.334	0.477	0.443	0.437	0.380
1%	$N(1\%)$	24（7）	25（7）	6（7）	6（7）	9（7）	9（7）	6（7）	6（7）	5（7）	7（7）	6（7）	6（7）
	LR^{uc}	0.000	0.000	0.665	0.665	0.501	0.501	0.659	0.659	0.462	0.945	0.747	0.747
	LR^{ind}	0.243	0.283	0.849	0.709	0.631	0.631	0.709	0.709	0.786	0.703	0.703	0.703
0.5%	$N(0.5\%)$	23（4）	23（4）	3（4）	3（4）	6（4）	6（4）	3（4）	3（4）	4（3）	5（3）	2（3）	2（3）
	LR^{uc}	0.000	0.000	0.760	0.760	0.240	0.240	0.756	0.756	0.755	0.420	0.407	0.407
	LR^{ind}	0.770	0.770	0.933	0.832	0.749	0.749	0.832	0.832	0.828	0.786	0.871	0.871

注：表中用下划线表示的数字是没有通过后验检验的状况。M1、M2、M3 和 M4 分别代表 GARCH 模型、GJR 模型、GARCHSK 模型和 GJRSK 模型。

表 6-9　碳市场 ES 预测后验检验结果

碳市场	波动模型	10%	5%	2.5%	1%	0.5%
北京	GARCH	0.000	0.000	0.000	0.000	0.000
	GJR	0.000	0.000	0.000	0.000	0.000
	GARCHSK	1.000	1.000	1.000	0.984	0.858
	GJRSK	1.000	1.000	1.000	0.980	0.865
广东	GARCH	0.010	0.027	0.042	0.112	0.258
	GJR	0.014	0.059	0.028	0.085	0.168
	GARCHSK	1.000	1.000	0.999	0.979	0.699
	GJRSK	1.000	1.000	1.000	0.978	0.699
湖北	GARCH	0.396	0.311	0.299	0.620	0.933
	GJR	0.182	0.149	0.053	0.233	0.771
	GARCHSK	1.000	1.000	1.000	0.985	0.726
	GJRSK	1.000	1.000	1.000	0.902	0.722

注：表中数字表示 ES 后验检验的显著性 p 值。

综合来看，从样本内风险估计与样本外风险预测两个角度出发，通过定量对比不同波动模型的 VaR 和 ES 后验检验显著性 p 值发现，时变高阶矩波动模型在刻画碳市场实际风险状况时确实表现出了比常数高阶矩波动模型明显更优的精度，并且同一矩属性波动模型的风险测度表现并没有显著差异。相比之下，由于运行机制设计等方面的原因，常数高阶矩波动模型在湖北和广东碳市场的风险预测中也有非常不错的表现。本章的研究结论提醒我们，要想得到尽可能准确的风险估计或预测结论，应该通过定量比较不同模型的后验检验 p 值大小，获得最佳方案。

三、稳健性检验

为保证研究结果的稳健性，一方面可参照 Lin 等（2014）的做法，通过调整样本外预测区间的长度来验证相关结论的稳健性，具体来说，对样本外预测区间长度做两种调整，即从预测 3 年调整为预测 2 年和预测 1 年；另一方面，可运用另一种常用的递归时间窗预测方法考察结论的稳健性。

表 6-10　碳市场样本外 VaR 预测稳健性检验（2 年）

q	后验指标	北京碳市场		广东碳市场		湖北碳市场	
		M1	M2	M1	M2	M1	M2
10%	$N(10\%)$	29（47）	46（47）	22（47）	46（47）	30（44）	43（44）
	LR^{uc}	<u>0.003</u>	0.890	<u>0.000</u>	0.865	<u>0.020</u>	0.886
	LR^{ind}	0.873	0.526	0.004	0.023	0.504	0.763

续表

q	后验指标	北京碳市场		广东碳市场		湖北碳市场	
		M1	M2	M1	M2	M1	M2
5%	$N(5\%)$	21 (23)	22 (23)	13 (24)	23 (24)	12 (22)	21 (22)
	LR^{uc}	0.597	0.756	0.015	0.907	0.018	0.834
	LR^{ind}	0.950	0.895	0.005	0.004	0.327	0.915
2.5%	$N(2.5\%)$	16 (12)	11 (12)	9 (12)	11 (12)	6 (11)	10 (11)
	LR^{uc}	0.230	0.828	0.393	0.817	0.097	0.762
	LR^{ind}	0.287	0.427	0.004	0.005	0.683	0.268
1%	$N(1\%)$	14 (5)	4 (5)	3 (5)	4 (5)	3 (4)	3 (4)
	LR^{uc}	0.000	0.743	0.396	0.736	0.479	0.479
	LR^{ind}	0.353	0.742	0.844	0.743	0.839	0.786
0.5%	$N(0.5\%)$	13 (2)	1 (2)	0 (2)	1 (2)	2 (2)	1 (2)
	LR^{uc}	0.000	0.320	0.030	0.317	0.893	0.365
	LR^{ind}	0.389	0.896	NaN	0.896	0.892	0.892

注：表中 M1、M2 分别代表 GARCH 模型和 GARCHSK 模型，用下划线表示的数字是没有通过后验检验的状况。下同。

表 6-11　碳市场样本外 VaR 预测稳健性检验（递归法）

q	后验指标	北京碳市场		广东碳市场		湖北碳市场	
		M1	M2	M1	M2	M1	M2
10%	$N(10\%)$	52 (71)	70 (71)	40 (71)	65 (71)	51 (68)	67 (68)
	LR^{uc}	0.012	0.881	0.000	0.897	0.022	0.878
	LR^{ind}	0.256	0.003	0.861	0.230	0.024	0.034
5%	$N(5\%)$	39 (36)	35 (36)	25 (36)	32 (36)	23 (34)	33 (34)
	LR^{uc}	0.565	0.918	0.053	0.858	0.039	0.846
	LR^{ind}	0.223	0.396	0.178	0.062	0.205	0.544
2.5%	$N(2.5\%)$	31 (18)	17 (18)	13 (18)	17 (18)	16 (17)	16 (17)
	LR^{uc}	0.004	0.847	0.222	0.901	0.795	0.795
	LR^{ind}	0.195	0.334	0.487	0.343	0.380	0.351
1%	$N(1\%)$	27 (7)	6 (7)	7 (7)	6 (7)	6 (7)	6 (7)
	LR^{uc}	0.000	0.665	0.958	0.812	0.747	0.747
	LR^{ind}	0.094	0.709	0.709	0.698	0.744	0.703
0.5%	$N(0.5\%)$	24 (4)	3 (4)	4 (4)	2 (4)	3 (3)	2 (3)
	LR^{uc}	0.000	0.760	0.823	0.439	0.820	0.407
	LR^{ind}	0.833	0.832	0.832	0.868	0.871	0.871

表 6-12　碳市场样本外 ES 预测稳健性检验

碳市场	模型	预测两年					递归预测				
		10%	5%	2.5%	1%	0.5%	10%	5%	2.5%	1%	0.5%
北京	M1	0.000	0.000	0.000	0.000	0.001	0.000	0.000	0.000	0.000	0.000
	M2	1.000	1.000	0.999	0.959	NaN	1.000	1.000	1.000	0.983	0.855
广东	M1	0.090	0.189	0.923	0.681	NaN	0.025	0.107	0.046	0.103	0.190
	M2	1.000	1.000	1.000	0.688	NaN	1.000	1.000	1.000	0.981	0.752
湖北	M1	0.728	0.468	0.266	0.613	0.758	0.325	0.146	0.764	0.920	0.972
	M2	1.000	1.000	0.997	0.832	NaN	1.000	1.000	1.000	0.987	0.740

表6-10至表6-12报告了相应的稳健性检验结果。需要说明的是，由于同一属性的波动模型在风险测度精度上没有显著差异，为了简洁起见，所有表中仅报告了基于GARCH模型和GARCHSK模型得到的后验检验结果，GJR模型和GJRSK模型取得的结论类似。此外，由于预测2年和预测1年的结论也极为类似，因此表6-10中仅报告了预测2年的结论。

可以发现，各表的稳健性检验结论与前文的后验分析结论保持一致，时变高阶矩波动模型的VaR和ES后验检验p值明显高于常数高阶矩波动模型，即从提高模型对碳市场真实风险状况的刻画能力来看，时变高阶矩波动模型是最优的选择。这说明本章的风险测度研究结论具有稳健性。

第七章　我国碳市场风险传染问题研究

在第六章对碳价格高阶矩波动特征及其在风险测度中的适用性进行研究的基础上，本章进一步从高阶矩视角探讨能源市场对碳市场的风险传染关系，以帮助我们更加充分认识两个市场之间的风险传染机制。事实上，在现代开放的市场环境下，风险传染（risk contagion）问题一直都是金融稳定领域的核心研究内容之一。一般来说，风险传染是指不同市场之间蔓延的超过经济基本面的某种联系（Forbes 和 Rigobon，2002）。

随着碳市场运行机制的不断改进和完善，碳市场的成熟度、参与度和开放度得到显著提高，碳市场流动性大大增强。例如，相比试验期，广东碳市场进入发展期的日平均成交量增长了 334%，北京碳市场增长超过 30%，湖北碳市场有着约 99% 的交易活跃度。在碳市场成熟度不断提高的过程中，越来越多的投资者加入碳市场，碳资产也逐渐成为其投资组合中的重要组成部分，这种趋势使得碳市场与其他相关市场之间在信息和资金等层面的联系变得越来越紧密。在这些市场中，能源市场与碳市场之间的经济联系是最直接、最紧密的，主要原因是温室气体排放主要来自化石燃料燃烧。因此，对能源市场的投资者来说，进入碳市场所需要的专业门槛几乎最低，两个市场更容易形成一大批共同投资者，从而两个市场间更可能发生超过基本面的风险传染。那么，在碳市场成熟度不断提高的过程中，能源市场是否对碳市场发生了风险传染？又应该如何度量它们之间的风险传染程度？这些问题的解决，对于防范碳市场风险、制定科学合理的投资决策和监管政策有着十分重要的理论和现实意义。

虽然现有文献对金融市场间的风险传染特征做了诸多探索，但是得到的实证结论却存在一定的差别，甚至不同学者对同一事件（比如次贷危机）的研究得到了截然相反的结论。这一方面说明风险传染本身是一个十分复杂的过程，另一方面也暴露了现有研究方法的一些弱点。此外，不同危机事件具有自身的特殊性，需要具体事件具体分析。与主流的相关系数判别法相比，当前用于测度风险传染的研究方法已有了较大改进，例如，经调整的相关系数被提出用来缓解异方差引起的检验偏差问题（Forbes 和 Rigobon，2002），引入科普勒方法来度量市场间的非线性相依性关系等（Arakelian 和 Dellaportas，2012；Zevallos，2014）。然而，上述两种改进方法本质上测度的都是不同变量水平变化值之间的关系：相关系数方法可以衡量出变量水平变化值之间的整体关联性，而科普勒方法可以更为细致和具体地对不同尾部水平变化值之间的相依度进行考察。因此，上述方法都没有挖掘到金融资产收益更高阶矩层面的风险传染渠道。

为此，有学者提出了基于协高阶矩的风险传染检验体系，该方法可以全面考察市场间在线性相关性、协偏度、协波动率和协峰度等不同矩层面的关联性变化（Fry - McKibbin 等，2010；Fry - McKibbin 和 Hsiao；2018）。他们的实证结果也表明，线性相关性能反映的风险传染效应十分有限，更多的风险传染是通过协高阶矩渠道实现的。

上一章的实证结果已经表明，碳市场波动具有显著的时变高阶矩特征。因此，如果可以从比一阶更高阶的层面探讨能源市场对碳市场的风险传染关系，无疑可以大大拓展碳市场风险传染的研究视野，并为机构投资者开展资产配置的风险评估以及监管部门制定与碳市场开放有关的政策提供新的有力的决策工具。基于以上认识，本章的研究目的在于：运用协整技术分析碳价格与能源价格之间的长期均衡关系；在此基础上，运用协高阶矩检验体系，系统研究能源市场对中国试点碳市场的风险传染效应，以期揭示现有文献没有监测到的高阶矩风险传染渠道；考虑到协高阶矩检验体系存在“检验统计量都是静态”等重要缺陷，本章提出基于滚动窗口期的动态协高阶矩风险传染检验法，结论表明动态风险传染检验可以为投资者和监管者提供更为细致和全面的决策参考。

第一节　理论基础

一、碳市场与能源市场之间的经济联系

根据定义，风险传染是指市场之间蔓延的超过经济基本面的某种关系。因此，在做两个市场的风险传染分析之前，有必要阐述它们之间的经济联系，否则可能陷入数据挖掘（data mining）的陷阱。对碳市场而言，可以从配额供给侧和需求侧两方面进行分析。从供给侧来看，控排企业在每一个履约期期初就获得了政府主管部门分配的排放配额。换句话说，一个履约年度的配额供给总量是在期初就由主管部门确定了。虽然为新进入企业预留的配额会对总量有一定的影响，但是这种影响微乎其微，可以认为每个履约年度的配额供给是一个固定量（Chevallier，2011）。因此，理论上影响碳价格的关键就来自配额需求侧的预期信息。

控排企业在履约年度内的配额总需求由其温室气体实际排放量决定，而实际排放量是控排企业参照当地碳市场出台的排放核算和报告指南计算得到的。经过梳理，实际排放量的计算方法主要有以下三种[①]：

一是燃烧排放，即煤炭、石油、天然气等化石燃料有氧燃烧放热反应中产生的温室气体排放量，可以由以下公式表示：

---

① 除了这三种方法外，还有基于监测的方法。但这种方法很少使用，而且如果采用这种方法也需要通过正文中的三种方法进行验证，所以本书不予考虑。

$$E = \sum (RL_m \times RZ_m \times 10^{-3}) \times (C_m \times \kappa_m \times \frac{44}{12}) \quad (7-1)$$

公式（7－1）中，m 表示不同的化石燃料，E 为某个控排企业的燃烧排放总量。其中，前一个括号内容表示某控排企业的活动水平，主要由报告年度第 m 种化石燃料的消费量（RL_m）以及相应的平均低位发热量（RZ_m）构成，10^{-3}是单位换算系数；后一个括号内容表示第 m 种化石燃料的碳排放因子，包括单位热值含碳量（C_m）、碳氧化率（κ_m）和二氧化碳与碳的分子量之比 $\left(\frac{44}{12}\right)$。由于化石燃料热值、单位热值含碳量、碳氧化率在排放核算和报告指南中已有规定，因此在燃烧排放的计算中，唯一决定实际排放量的变量即是化石燃料的消费量。

二是过程排放，即基于生产过程的相关活动产生的温室气体排放量，具体计算公式为：

$$E = \sum P_m \times F_m \quad (7-2)$$

其中，P_m代表生产过程 m 的活动水平数据，主要指原材料使用量，或者废弃物、半成品、产品的产量；F_m代表对应的碳排放因子，由排放核算和报告指南规定。可以看出，过程排放的计算中，实际排放量的变化来自生产活动水平。

三是间接排放，是指控排企业在生产经营过程中由于电力或热力消耗产生的温室气体排放量。

$$E = D \times f \quad (7-3)$$

式中，D 为报告年度控排企业的电力或热力消耗量，f 为电力或热力消耗的间接排放因子，由排放核算和报告指南规定，所以间接排放量是由电力或热力消耗量决定的。

基于以上实际排放量的计算方法可知，影响碳配额需求侧的信息主要来自化石能源消耗、电力消耗和部分工艺的生产过程三个方面，其中，化石能源消耗是最主要的部分，占比在95%以上①。因此，化石能源消耗量是影响碳市场需求侧的关键，而化石能源消耗量与能源市场价格变化是直接关联的。可以认为，能源市场与碳市场之间有着天然的经济联系：当能源市场受到冲击且其他条件不变时，控排企业对该种能源的绝对消耗量和其他替代能源的相对消耗量将受到影响，进而影响到控排企业的实际排放量和配额需求，最终作用于碳价格。如前所述，大量的理论和经验研究证实了碳市场与能源市场的这种经济联系。

正是因为碳市场与能源市场之间具有这种天然的经济联系，相比其他金融市场而言，两个市场的投资者参与另一个市场的门槛相对更低，从而两个市场更容易形成一大批共同投资者。能源资产和碳资产成为其投资组合的重要组成部分，两个市场间的信息和资金等要素的流动也相对更加顺畅，而且这种流动强度会随着碳市场成熟度的不断提高而显著增加。因此在受到外部冲击时，两个市场间更可能发生超过基本面的

① 中国碳交易网的数据显示，煤炭、天然气、石油在1960—2012年的累计排放量占总排放量的比例依次为39.2%、17.2%、40.5%。2012年的比例依次为42.8%、19.0%、33.0%。

风险传染。可以预期，相比试验阶段，在发展阶段能源市场对碳市场更容易发生超过基本面的风险传染效应。

二、含协高阶矩的资本资产定价模型

投资组合选择和资产定价是将协高阶矩纳入风险传染分析体系的理论基础。在标准的投资组合选择理论中，投资者们在“均值—方差”二维框架下最大化预期效用以实现资产的最优配置。然而现实中，资产收益分布往往具有有偏和尖峰肥尾特征。现有研究表明，风险资产的预期收益率不仅与其偏度和峰度紧密联系（Conrad 等，2013；郑振龙等，2016），而且投资者的投资行为也会受到其对高阶矩偏好的影响（Fry - Mckibbin 和 Hsiao，2018）。弗莱—麦基宾（Fry - Mckibbin）等（2010）扩展了传统的资本资产定价模型。根据定义，假定仅有两项风险资产供投资者选择，那么包含协高阶矩的资本资产定价模型可以表示为式（7 -4）：

$$
\begin{aligned}
E(R_i)-R_f=&\theta_1E[(R_1-\mu_1)^2]+\theta_2E[(R_2-\mu_2)^2]+\theta_3E[(R_1-\mu_1)(R_2-\mu_2)]\\
&+\theta_4E[(R_1-\mu_1)^3]+\theta_5E[(R_2-\mu_2)^3]+\theta_6E[(R_1-\mu_1)^2(R_2-\mu_2)]\\
&+\theta_7E[(R_1-\mu_1)(R_2-\mu_2)^2]+\theta_8E[(R_1-\mu_1)^4]+\theta_9E[(R_2-\mu_2)^4]\\
&+\theta_{10}E[(R_1-\mu_1)^3(R_2-\mu_2)]+\theta_{11}E[(R_1-\mu_1)(R_2-\mu_2)^3]\\
&+\theta_{12}E[(R_1-\mu_1)^2(R_2-\mu_2)^2]
\end{aligned}
\tag{7-4}
$$

其中，R_i和μ_i分别代表第 i 种风险资产收益率及其期望值，R_f为市场无风险利率。其余各参数θ_i由式（7 -5）给出：

$$
\begin{aligned}
&\theta_1=\partial_1^2\left(\frac{\partial E(U(W))}{\partial\sigma_P^2}\right),\theta_2=\partial_2^2\left(\frac{\partial E(U(W))}{\partial\sigma_P^2}\right),\theta_3=2\partial_1\partial_2\left(\frac{\partial E(U(W))}{\partial\sigma_P^2}\right),\\
&\theta_4=\partial_1^3\left(\frac{\partial E(U(W))}{\partial s_P^3}\right),\theta_5=\partial_2^3\left(\frac{\partial E(U(W))}{\partial s_P^3}\right),\theta_6=3\partial_1^2\partial_2\left(\frac{\partial E(U(W))}{\partial s_P^3}\right),\\
&\theta_7=3\partial_1\partial_2^2\left(\frac{\partial E(U(W))}{\partial s_P^3}\right),\theta_8=\partial_1^4\left(\frac{\partial E(U(W))}{\partial k_P^4}\right),\theta_9=\partial_2^4\left(\frac{\partial E(U(W))}{\partial k_P^4}\right),\\
&\theta_{10}=4\partial_1^3\partial_2\left(\frac{\partial E(U(W))}{\partial k_P^4}\right),\theta_{11}=4\partial_1\partial_2^3\left(\frac{\partial E(U(W))}{\partial k_P^4}\right),\\
&\theta_{12}=6\partial_1^2\partial_2^2\left(\frac{\partial E(U(W))}{\partial k_P^4}\right)
\end{aligned}
\tag{7-5}
$$

其中，∂_i为第 i 种风险资产在投资组合所占的比重，$E(U(W))$、σ_P^2、s_P^3和k_P^4分别表示投资组合收益的期望效用、波动率、偏度和峰度。θ_i被称为风险价格（risk prices），它由不同风险资产在投资组合中的比重和投资者的效用函数（即 $\frac{\partial E(U(W))}{\partial\sigma_P^2}$、$\frac{\partial E(U(W))}{\partial s_P^3}$、$\frac{\partial E(U(W))}{\partial k_P^4}$）共同组成。式（7 -4）中其余部分则是影响风险资产超额收益的风险量（risk quantities），可以看到，风险量除了包含二阶矩层面的方差和协方差外，还有三阶矩层面的偏度和协偏度（co - skewness），以及四阶矩层面的峰度、协峰度（co－kurtosis）和协波动率（co－volatility）。在只有两种风险资产的情况下，某个时期内协高阶矩统计值的计算公式由式（7－6）至式（7－10）给出：

$$cs_{12} = E[(R_1 - \mu_1)(R_2 - \mu_2)^2] \tag{7-6}$$

$$cs_{21} = E[(R_1 - \mu_1)^2(R_2 - \mu_2)] \tag{7-7}$$

$$ck_{13} = E[(R_1 - \mu_1)^2(R_2 - \mu_2)] \tag{7-8}$$

$$ck_{31} = E[(R_1 - \mu_1)^3(R_2 - \mu_2)] \tag{7-9}$$

$$cv = E[(R_1 - \mu_1)^2(R_2 - \mu_2)^2] \tag{7-10}$$

其中，cs_{12}和cs_{21}代表协偏度系数，ck_{13}和ck_{31}代表协峰度系数，cv为协波动率系数。

第二节 研究方法

从式（7－4）可以看出，不同资产收益率之间的协高阶矩大小将影响风险资产收益率的预期，进而影响投资者的资产组合选择，最终在投资者平衡投资组合的过程中发生风险传染。在理论上证明了从协高阶矩角度判定风险传染的必要性和合理性后，从假定两项资产联合概率密度函数服从非正态二元广义指数分布（non－normal bivariate generalized exponential distribution）出发，推导出基于协高阶矩的风险传染判定拉格朗日统计量（Fry－Mckibbin 等，2010；Fry－Mckibbin 和 Hsiao，2018）。为了便于对下文的理解，首先对检验体系中的主要符号做统一说明。对于两个金融市场而言，按照某个事件将总样本（用 T 表示）分为事件前（用 x 表示）和事件后（用 y 表示）两个阶段，那么事件前与事件后的样本数据规模就可以分别表示为T_x和T_y，同时记事件前后两市场间的无条件相关系数分别为ρ_x和ρ_y。此外，为了与相关系数、协高阶矩统计值的表示方式（小写）相区别，协高阶矩检验体系中拉格朗日检验统计量分别以 CR、CS_{12}、CS_{21}、CK_{13}、CK_{31}和 CV 表示（大写）。

一、基于相关系数的检验

若两个市场间的相关系数显著增加，则表明两个市场间出现了风险传染。Forbes 和 Rigobn（2002）提出了如下用于检验相关系数是否显著增加的风险传染方法，即经调整的相关系数法：

$$CR(i \to j) = \left(\frac{\hat{v}_{y|x_i} - \hat{\rho}_x}{\sqrt{Var(\hat{v}_{y|x_i} - \hat{\rho}_x)}} \right)^2 \tag{7-11}$$

其中，CR 表示检验市场间相关性的统计量，$i \to j$ 代表风险由市场 i 传染到市场 j（下同），$\hat{v}_{y|x_i}$是事件后的市场间条件相关系数，表示为：

$$\hat{v}_{y|x_i} = \frac{\hat{\rho}_y}{\sqrt{1 + \delta(1 - \hat{\rho}_y^2)}} \tag{7-12}$$

$$\delta = \frac{s_{y,i}^2 - s_{x,i}^2}{s_{x,i}^2} \tag{7-13}$$

其中，$s_{x,i}^2$、$s_{y,i}^2$分别表示市场 i 的收益率在事件前后阶段中的样本方差。在无风险传染的原假设条件下，该检验统计量渐进服从自由度为 1 的χ^2分布。

二、基于协偏度的检验

协偏度统计量主要用于检验市场间的非对称相依性（asymmetric dependence），即通过判断事件前后协偏度是否发生了显著变化来检验风险传染效应。市场 i 通过协偏度渠道传染到市场 j 可以分为两种，一种是通过市场 i 的均值传染到市场 j 的波动率，另一种是通过市场 i 的波动率传染到市场 j 的均值。两种传染路径的检验统计量分别由式（7－14）和式（7－15）表示：

$$CS_{12}(i \to j; r_i^1, r_j^2) = \left(\frac{\hat{\psi}_y(r_i^1, r_j^2) - \hat{\psi}_x(r_i^1, r_j^2)}{\sqrt{\frac{4\hat{v}_{y|x_i}^2 + 2}{T_y} + \frac{4\hat{\rho}_x^2 + 2}{T_x}}} \right)^2 \tag{7-14}$$

$$CS_{21}(i \to j; r_i^2, r_j^1) = \left(\frac{\hat{\psi}_y(r_i^2, r_j^1) - \hat{\psi}_x(r_i^2, r_j^1)}{\sqrt{\frac{4\hat{v}_{y|x_i}^2 + 2}{T_y} + \frac{4\hat{\rho}_x^2 + 2}{T_x}}} \right)^2 \tag{7-15}$$

其中，

$$\hat{\psi}_y(r_i^m, r_j^n) = \frac{1}{T_y}\sum_{t=1}^{T_y}\left(\frac{y_{i,t} - \hat{\mu}_{yi}}{\hat{\sigma}_{yi}}\right)^m \left(\frac{y_{j,t} - \hat{\mu}_{yj}}{\hat{\sigma}_{yj}}\right)^n \tag{7-16}$$

$$\hat{\psi}_x(r_i^m, r_j^n) = \frac{1}{T_x}\sum_{t=1}^{T_x}\left(\frac{x_{i,t} - \hat{\mu}_{xi}}{\hat{\sigma}_{xi}}\right)^m \left(\frac{x_{j,t} - \hat{\mu}_{xj}}{\hat{\sigma}_{xj}}\right)^n \tag{7-17}$$

在无风险传染的原假设条件下，该统计量渐进服从自由度为 1 的χ^2分布。

三、基于协峰度和协波动率的检验

协峰度和协波动率统计量是对市场间收益率的极值相依性（extremal dependence）进行检验。如式（7－18）和式（7－19）所示，同协偏度统计量一样，协峰度统计量也分为两种，即从市场 i 的均值传染到市场 j 的偏度，或者从市场 i 的偏度传染到市场 j 的均值：

$$CK_{13}(i \to j; r_i^1, r_j^3) = \left(\frac{\hat{\varphi}_y(r_i^1, r_j^3) - \hat{\varphi}_x(r_i^1, r_j^3)}{\sqrt{\frac{18\hat{v}_{y|x_i}^2 + 6}{T_y} + \frac{18\hat{\rho}_x^2 + 6}{T_x}}} \right)^2 \tag{7-18}$$

$$CK_{31}(i \to j; r_i^3, r_j^1) = \left(\frac{\hat{\varphi}_y(r_i^3, r_j^1) - \hat{\varphi}_x(r_i^3, r_j^1)}{\sqrt{\frac{18\hat{v}_{y|x_i}^2 + 6}{T_y} + \frac{18\hat{\rho}_x^2 + 6}{T_x}}} \right)^2 \quad (7-19)$$

其中，

$$\hat{\varphi}_y(r_i^m, r_j^n) = \frac{1}{T_y}\sum_{t=1}^{T_y}\left(\frac{y_{i,t} - \hat{\mu}_{yi}}{\hat{\sigma}_{yi}}\right)^m \left(\frac{y_{j,t} - \hat{\mu}_{yj}}{\hat{\sigma}_{yj}}\right)^n - 3\hat{v}_{y|x_i} \quad (7-20)$$

$$\hat{\varphi}_x(r_i^m, r_j^n) = \frac{1}{T_x}\sum_{t=1}^{T_x}\left(\frac{x_{i,t} - \hat{\mu}_{xi}}{\hat{\sigma}_{xi}}\right)^m \left(\frac{x_{j,t} - \hat{\mu}_{xj}}{\hat{\sigma}_{xj}}\right)^n - 3\hat{\rho}_x \quad (7-21)$$

最后，协波动率统计量则是检验从市场 i 的波动率到市场 j 的波动率的风险传染：

$$CV(i \to j; r_i^2, r_j^2) = \left(\frac{\hat{\varphi}_y(r_i^2, r_j^2) - \hat{\varphi}_x(r_i^2, r_j^2)}{\sqrt{\frac{4\hat{v}_{y|x_i}^4 + 16\hat{v}_{y|x_i}^2 + 4}{T_y} + \frac{4\hat{\rho}_x^4 + 16\hat{\rho}_x^2 + 4}{T_x}}} \right)^2 \quad (7-22)$$

其中：

$$\hat{\varphi}_y(r_i^2, r_j^2) = \frac{1}{T_y}\sum_{t=1}^{T_y}\left(\frac{y_{i,t} - \hat{\mu}_{yi}}{\hat{\sigma}_{yi}}\right)^2 \left(\frac{y_{j,t} - \hat{\mu}_{yj}}{\hat{\sigma}_{yj}}\right)^2 - (1 + 2\hat{v}_{y|x_i}^2) \quad (7-23)$$

$$\hat{\varphi}_x(r_i^2, r_j^2) = \frac{1}{T_x}\sum_{t=1}^{T_x}\left(\frac{x_{i,t} - \hat{\mu}_{xi}}{\hat{\sigma}_{xi}}\right)^2 \left(\frac{x_{j,t} - \hat{\mu}_{xj}}{\hat{\sigma}_{xj}}\right)^2 - (1 + 2\rho_x^2) \quad (7-24)$$

在无风险传染的原假设条件下，协峰度统计量和协波动率统计量都渐进服从自由度为 1 的 χ^2 分布。

第三节　数据说明

一、变量与阶段划分

（一）变量选取

本章研究的主要目的是系统且全面地观测在试点碳市场发展过程中（发展期相比试验期）能源市场对碳市场的风险传染特征。具体来说，本章首先基于协整（cointegration）方法分析碳价格与石油、煤炭等能源价格之间的长期均衡关系，在此基础上从静态和动态两个视角出发，考察进入发展期后能源市场对碳市场的风险传染特征，并结合碳市场运行机制等方面的特征对风险传染实证结果进行深入讨论。在变量的选择上，碳价格数据与上一章保持一致，此处不再赘述。能源价格变量方面，考虑到国内天然气价格市场化程度较低，可能对实证结论的有效性和合理性产生影响，因此，本章选取石油价格和煤炭价格作为能源市场价格的代表。

需要说明的是，影响能源消费进而影响配额需求的除了能源价格外，宏观经济发展状况、极端温度等也是重要因素（Alberola 等，2008；Bredin 和 Muckley，2011；Chevallier，2011；Zeng 等，2017；Lin 和 Chen，2019）。例如，宏观经济情况反映经济总体情况，与企业生产和投资规模（进而能源消耗）有关，而极端温度往往增加社会用能需求和电力热力企业负荷，这些最终都会影响配额需求和碳价格变化。因此，为了科学分析碳价格与能源价格之间的协整关系，有必要将宏观经济指标和极端温度指标纳入协整分析框架之中。具体来说，本章选取沪深 300 指数作为我国宏观经济指标，选取北京、广州和武汉温度分别代表北京、广东和湖北的温度[①]。各类数据的相关说明和数据来源详见表 7 - 1。

表 7 - 1　变量说明

变量	说明	数据来源
碳价格	试点碳市场收盘价	www. tanjiaoyi. com
煤炭价格	秦皇岛动力煤（Q5500）收盘价	Wind
石油价格	大庆原油收盘价	Wind
股票指数	沪深 300 指数收盘价	Wind
温度	北京、广州和武汉温度	Weather Underground（地下气象）

（二）阶段划分

碳市场的发展和成熟体现为总量目标、分配机制、交易机制、抵消机制等一系列运行机制的不断改进和完善，这些运行机制的调整最终将会反映到碳价格上。中国试点碳市场是按照先试验再正式运行的总体路线设计的，其中，试验阶段是碳市场各项运行机制的初步成型期，具有较多的缺陷；后续阶段是碳市场运行机制深度培育的发展期，该时期运行机制经历了较大的改动。为了研究发展期相比试验期的能源市场对碳市场的风险传染，首先需要对试验期（基准期）和发展期作出明确界定。

在试验阶段的设计上，中国试点碳市场以 2015 年为分界点。不过，碳市场的履约年度和自然年度是不同的。举例来说，北京碳市场 2015 年公布的履约到期日是 6 月 15 日，即从当年的 6 月 16 日到次年的 6 月 15 日为一个履约年度。因此，在界定试验期和发展期时需要顺延到该市场的履约到期日。表 7 - 2 报告了本章研究的数据样本区间以及试验期与发展期的分界情况。各碳市场开始交易首日为该市场的数据样本起始点，截止日期为 2020 年 12 月 14 日。可以看到，国内试点碳市场对履约到期日的要求略有不同。

① 选择广州和武汉温度分别代表广东和湖北温度，是因为广州和武汉是两省的政治、经济和文化中心，是碳交易所所在地，也是两省控排企业最集中的城市。

表 7-2 试验期与发展期分界点

碳市场	样本区间	试验期与发展期分界点
北京	2013/12/02~2020/12/14	2016年6月15日（2015年度配额到期日）
广东	2013/12/20~2020/12/14	2016年6月20日（2015年度配额到期日）
湖北	2014/04/02~2020/12/14	2016年7月25日（2015年度配额到期日）

注：以上数据整理自各碳市场官网。

二、描述性统计

若记各资产价格时间序列的每日收盘价格为p_t，则可以得到日对数收益率r_t。

$$r_t = 100(\ln p_t - \ln p_{t-1}) \tag{7-25}$$

表7-3报告了试点碳市场收益率序列的描述性统计结果，每个市场对应三个样本区间，从上到下依次为全样本区间、试验期和发展期。从表7-3中可以看到：

（1）碳市场之间表现出了一定的独立性，表现为在不同的样本区间内，各碳收益率序列在均值、标准差、偏度和峰度等描述性统计特征值上存在明显差异。碳价格是碳市场一系列运行机制的重要反映，因此这种独立性一定程度上反映了不同碳市场之间具有独立的运行机制设计。

表 7-3 碳收益率描述性统计结果

碳市场	样本区间	均值	标准差	偏度	峰度	J-B	Q（10）	ADF
北京	2013.11.28~2020.12.14	0.030	5.697	-0.701	9.735	3255.742***	54.983***	-32.191***
	2013.11.28~2016.06.15	-0.032	5.367	-0.545	10.313	1346.135***	41.092***	-22.419***
	2016.06.16~2020.12.14	0.065	5.876	-0.767	9.425	1927.021***	38.952***	-34.216***
广东	2013.12.19~2020.12.14	-0.046	4.292	-0.353	4.897	281.109***	18.434**	-42.306***
	2013.12.19~2016.06.20	-0.277	4.849	-0.191	3.734	16.841***	14.381	-22.682***
	2016.06.21~2020.12.14	0.076	3.949	-0.460	5.918	412.606***	29.474***	-37.249***
湖北	2014.04.02~2020.12.14	0.015	2.885	-0.103	7.292	1191.607***	34.577***	-43.231***
	2014.04.02~2016.07.25	-0.121	2.846	-0.128	7.552	474.548***	8.792	-24.328***
	2016.07.26~2020.12.14	0.089	2.904	-0.093	7.169	726.623***	41.335***	-36.218***

注：***、**、*分别代表在1%、5%和10%的概率水平显著；正态分布情形下，偏度值为0，峰度值为3；表中，J-B为Jarque-Bera统计量，Q（10）为滞后10期的Ljung-Box Q统计量，ADF为单位根检验。

（2）从均值来看，与试验期相比，中国试点碳市场的碳收益率均值在发展期均有明显的上升。标准差统计结果表明，北京碳市场具有最高的波动性，其次是广东碳市场，最后是湖北碳市场。相比之下，北京、湖北碳市场进入发展期后波动性增加了，而广东碳市场的波动性则具有比较明显的下降。上述结果与运行机制设计差异有很大关联：湖北碳市场对交易价格的严格监控使得价格最为平稳，广东的拍卖机制对二级市场碳价格起到了较强的稳定作用。

（3）所有碳收益率序列均呈现“尖峰肥尾”和负偏形态，说明有必要从更高阶矩的层面考察能源市场对碳市场的关联特征。同时，J－B 检验量均非常显著，拒绝了“服从正态分布”的原假设。

（4）绝大多数 Q（10）统计值显著，表明在较长的时间范围之内（10 天）都不能拒绝碳收益率序列不具有自相关的原假设。ADF 单位根检验结果表明，不同样本区间内的碳收益率序列都具有平稳性，可以直接用于下一步的建模和分析。

表 7－4 报告了能源市场收益率序列的描述性统计结果。

表 7－4　能源市场收益率描述性统计结果

指标	样本区间	均值	标准差	偏度	峰度	J－B	Q（10）	ADF
大庆原油	2013.11.28～2020.12.14	－0.045	3.194	－0.629	28.665	45421.07***	23.283***	－40.433***
	2013.11.28～2016.06.15	－0.139	2.802	0.325	5.338	147.72***	22.311**	－26.014***
	2016.06.16～2020.12.14	0.009	3.399	－0.942	33.862	41784.74***	18.391**	－31.424***
秦皇岛动力煤	2013.11.28～2020.12.14	0.011	0.592	1.510	24.808	33343.73***	434.56***	－7.721***
	2013.11.28～2016.06.15	－0.062	0.564	－1.748	22.158	9513.421***	126.78***	－5.407***
	2016.06.16～2020.12.14	0.053	0.604	3.039	25.141	23042.34***	325.65***	－8.203***

注：***、**、* 分别代表在 1%、5% 和 10% 的概率水平显著；正态分布情形下，偏度值为 0，峰度值为 3；表中，J－B 为 Jarque－Bera 统计量，Q（10）为滞后 10 期的 Ljung－Box Q 统计量，ADF 为单位根检验。

与碳收益率类似，能源市场与股票市场整体上也表现出了金融资产收益率的一些典型特征：有偏、“尖峰厚尾”、不服从正态分布（试验期中的布伦特原油收益率除外）、资产收益率具有自相关性、各序列均平稳进而可以做下一步的计量分析。

第四节　协整关系分析

运用经典的协整分析方法对碳价格与能源价格之间的长期均衡关系进行分析，进而从实证的角度验证两者之间的经济联系，这也是下文风险传染分析的前提和基础。结合理论分析和现有文献研究成果，本章构造如式（7－26）所示的协整模型：

$$Carbon_t = \alpha + \beta_1 Coal_t + \beta_2 Oil_t + \beta_3 y_t + \beta_4 T_t + \varepsilon_t \qquad (7-26)$$

其中，对某个碳市场而言，$Carbon_t$、$Coal_t$ 与 Oil_t 分别代表碳价格、煤炭价格与石油价格，y_t 代表股票指数[①]。上述四种价格序列均以对数形式表示。T_t 为极端温度，有研究表明，碳价格显著受到极端温度而非平均温度的影响。借鉴现有文献的做法（Bredin 和 Muckley，2011），本章将每日温度减去所处季节平均温度的绝对值[②]定义为极端温度。

① 股票指数不仅在日度上反映了经济金融发展状况，而且由于配额作为一种新兴金融资产，使用股票指数可以控制一些重要金融事件的影响。

② 季节平均温度为交易日所在年份往前五年的季节平均温度。以北京碳市场为例，首个交易日（2013 年 12 月 2 日）属于冬季，所对应的季节平均温度为 2008 年至 2012 年的冬季平均温度。

一、单位根检验和 Johansen 迹检验

在进行协整分析之前，需要对模型（7－26）中的变量做单位根检验，以确保变量之间满足协整条件。表 7－5 报告了所有变量的单位根检验结果。可以看到，除北京碳价格外，其余碳市场的碳价格均为一阶单整变量；煤炭价格、石油价格与沪深 300 指数在全样本区间和子样本区间均为一阶单整变量；各地极端温度均具有平稳性。结合上述结果和协整定义，可以发现模型（7－26）中的变量之间满足存在着某种平稳线性组合的条件，这种平稳的组合关系反映了变量之间的长期均衡关系，即协整关系。

表 7－5　变量单位根检验结果

变量	全样本		样本 1		样本 2	
	ADF	ADF（1）	ADF	ADF（1）	ADF	ADF（1）
北京碳价格	0.006	0.000	0.021	0.000	0.002	0.000
广东碳价格	0.085	0.000	0.568	0.000	0.446	0.000
湖北碳价格	0.388	0.000	0.976	0.000	0.540	0.000
秦皇岛动力煤价格	0.727	0.000	0.583	0.003	0.094	0.000
大庆原油价格	0.211	0.000	0.570	0.000	0.210	0.000
沪深 300 股票指数	0.540	0.000	0.493	0.000	0.690	0.000
北京温度	0.000	0.000	0.000	0.000	0.000	0.000
广东温度	0.000	0.000	0.000	0.000	0.000	0.000
湖北温度	0.000	0.000	0.000	0.000	0.000	0.000

注：样本 1 和样本 2 对应表 7－2 所示的试验期与发展期；ADF 和 ADF（1）分别表示变量和变量一阶差分的单位根检验；秦皇岛动力煤价格和大庆原油价格的样本长度参照北京碳市场进行划分，若参照广东碳市场和湖北碳市场进行划分也不会影响上述结论。

进一步，为了判断模型（7－26）的变量之间是否具有长期均衡关系，运用约翰森（Johansen）协整检验（Johansen，1988；Johansen，1991）。协整检验结果如表 7－6 所示，针对所有的碳市场和样本区间，在 1% 的概率水平下都拒绝了“不具有长期均衡关系”的原假设，因此可以做下一步的长期均衡关系讨论。

表 7－6　Johansen 协整迹检验结果

原假设	北京碳市场			广东碳市场			湖北碳市场		
	全样本	样本 1	样本 2	全样本	样本 1	样本 2	全样本	样本 1	样本 2
None	0.000***	0.000***	0.000***	0.000***	0.000***	0.000***	0.000***	0.000***	0.000***
At most 1	0.054*	0.125	0.004***	0.559	0.187	0.157	0.444	0.954	0.239
At most 2	0.352	0.727	0.135	0.631	0.829	0.321	0.766	0.997	0.312
At most 3	0.801	0.749	0.145	0.878	0.608	0.348	0.728	0.964	0.878
At most 4	0.630	0.296	0.336	0.502	0.124	0.225	0.410	0.751	0.349

注：***、**、*分别代表在 1%、5% 和 10% 的概率水平显著；样本 1 和样本 2 对应表 7－2 所示的试验期与发展期。

二、协整关系分析

在做协整估计时，常用到的方法是 FMOLS（Fully - Modified OLS）估计与 DOLS（Dynamic OLS）估计。FMOLS 估计通过半参纠正法来消除解释变量与随机干扰项之间的相关性，从而获得协整参数估计量的一致估计量和 FMOLS 估计量的渐近正态性分布。DOLS 则通过在协整方程中加入解释变量滞后项来解决该问题。不过为了稳健起见，本章同时运用上述两种方法进行估计。由于 FMOLS 估计结果与 DOLS 估计结果十分类似，因此在表 7 - 7 中仅公布了基于 DOLS 的协整估计结果。

总体而言，除了极端温度外，能源价格与股票指数对碳价格具有显著影响，表现为绝大多数情况下取得的估计系数都具有显著性。与现有文献的研究结论（Creti 等，2012；陈晓红和王陟昀，2012；De Menezes 等，2016）类似的是，碳价格与能源价格、股票指数、极端温度之间的协整关系在两个子样本中表现出较大差异。

表 7 - 7　协整估计结果（DOLS）

变量	北京碳市场			广东碳市场			湖北碳市场		
	全样本	样本 1	样本 2	全样本	样本 1	样本 2	全样本	样本 1	样本 2
Constant	-2.775*** (0.000)	1.604** (0.046)	-2.411* (0.083)	4.659*** (0.004)	-0.952 (0.596)	-8.112*** (0.000)	1.109 (0.344)	-1.955** (0.097)	3.322 (0.252)
$Coal_t$	0.743*** (0.000)	0.325*** (0.005)	-0.654*** (0.003)	-0.193 (0.347)	0.949*** (0.001)	-0.599* (0.052)	-0.326** (0.029)	0.466*** (0.009)	-1.349*** (0.004)
Oil_t	-0.019 (0.733)	0.120*** (0.003)	0.011 (0.881)	0.447*** (0.000)	0.608*** (0.000)	-0.023 (0.823)	0.242*** (0.003)	0.054 (0.346)	0.351*** (0.005)
y_t	0.278*** (0.000)	-0.053 (0.293)	1.301*** (0.000)	-0.377** (0.034)	-0.647*** (0.000)	1.813*** (0.000)	0.325** (0.012)	0.239*** (0.001)	0.774*** (0.003)
T_t	-0.004 (0.228)	0.001 (0.838)	-0.007 (0.163)	0.003 (0.846)	0.002 (0.868)	0.006 (0.517)	-0.009 (0.303)	0.004 (0.557)	-0.011 (0.315)

注：***、**、* 分别代表在 1%、5% 和 10% 的概率水平显著；样本 1 和样本 2 对应表 7 - 2 所示的试验期与发展期；括号中数字为估计系数的 t 统计量 p 值。

能源价格通过直接和间接两种途径影响能源消费量。理论上，煤炭作为高排放化石能源，当煤炭价格上升时，直接促使煤炭消耗量减少，同时间接引起天然气等低排放化石能源的消耗量增加，使得实际温室气体排放量和配额需求降低，最终使得配额价格下降。因此，煤炭价格理论上对碳价格有负向影响。对比样本 1 和样本 2 的实证结果，试验期中煤炭价格对几组碳价格均有显著的正向影响，而进入发展期，煤炭价格则对几组碳价格均产生了显著的负向影响，与理论预期一致。事实上，碳市场试验期存在着机制不完善、市场发展前景具有一定的不确定性、减排压力不足等诸多问题（Kanen，2006；Creti 等，2012），导致煤炭价格等基本面因素对碳价格的影响常常偏离预期。然而，随着碳市场不断发展和完善，试验期中的很多问题得到解决或者缓解，投资者的热情和信心极大增加，煤炭价格与碳价格的理论关系逐步显现。

相比之下，石油价格对碳价格的影响要更复杂一些。首先，石油价格是天然气价格的重要驱动因素之一（Kanen，2006），当油价上涨（下跌）时，有可能推动天然气价格上涨（下跌），使得电力企业等高能耗控排企业及时调整用能结构（例如增加煤电比例），最终影响到实际配额需求量和配额价格。所以一般认为，石油价格对碳价格具有正向影响。但是正如前面分析的那样，相比煤炭价格，石油价格对碳价格的影响要更"间接"一些，加之国内天然气价格受到政府管制等因素的影响，石油价格对碳价格的影响也要更复杂一些。实证结果显示，虽然绝大多数情况下石油价格对碳价格具有显著的影响，但是相比煤炭价格这种影响更弱一些，表现为估计系数普遍更小，而且石油价格对碳价格的影响在碳市场之间以及子样本之间的差异也比较明显。其次，作为当前最重要的战略性化石能源，其他能源对石油消费的替代相当有限。最后，石油市场作为成熟度和开放度最高的能源市场，当受到冲击时，它对实体经济影响的广度和深度也是其他能源市场所无法比拟的。

股票指数代表着经济与金融发展状况，本章的实证发现经济发展对碳价格具有显著影响，且相比试验阶段，这种影响在发展阶段得到显著增强，表现为发展期所有估计系数均得到了较大幅度的提高，并在1%的概率水平下显著为正。上述结论一定程度说明，配额作为一种新兴的金融资产，投资者对其的关注度和参与度具有明显的提升。实证结果表明，碳价格没有受到极端温度的显著影响。

综上可知，能源价格、股票指数与碳价格之间具有显著的协整关系，不过这种协整关系在发展期和试验期中具有明显差异。整体而言，进入发展期后，由于碳市场运行机制更加完善、试验期中的一些突出问题逐步得到解决，碳价格与能源价格、股票指数之间的协整关系更接近于理论预期。上述实证结果对于把握碳市场与能源市场之间的理论关系具有十分重要的意义，同时也是下文风险传染效应分析的前提与基础。

第五节　能源市场对碳市场的风险传染效应分析

一、数据预处理

在得到能源市场与碳市场之间具有显著的长期均衡关系的结论的基础上，本书进一步探讨两个市场间超过经济基本面的风险传染关系，即探讨两个市场间由投资者心理或投资行为引起的共同变化。为了剔除金融市场间的这种基本面联系和降低序列自相关，借鉴福布斯和里戈邦（Forbes 和 Rigobon，2002）的做法，采用向量自回归模型（VAR）对碳收益率序列进行拟合，并将获得的残差作为检验风险传染效应的研究对象。需要说明的是，这种处理方式保留了碳市场与能源市场之间的相互关系，并且不会对风险传染检验结论产生影响。

具体而言，在对碳市场与能源市场之间的风险传染效应进行检验时，运用如下VaR模型对两个收益率序列进行拟合：

$$R_t = \phi(L) R_t + \varepsilon_t \tag{7-27}$$

其中，R_t表示收益率矩阵，比如在研究碳市场与煤炭市场的风险传染效应检验时，R_t包含碳收益率和煤炭收益率。$\phi(L)$ 表示滞后算子，ε_t表示残差序列，也就是本章的研究对象。本章通过 AIC（Akaike Information Criterion）信息准则确定上述模型的最优滞后阶数 L。

二、能源市场与碳市场的协高阶矩统计分析

该部分首先报告了碳市场与能源市场的相关系数以及协高阶矩系数的统计结果①，以便对它们之间的风险传染情况有一个初步的了解。表7－8与表7－9分别报告了试验阶段前后煤炭市场、石油市场与碳市场在相关性及协高阶矩（协偏度、协峰度和协波动率）方面的统计结果。从这些统计结果中可以初步判断市场间是否具有朝风险传染方向增强的倾向。这里的风险传染方向是指，两个市场间的相关系数、协峰度系数和协波动率系数有向正相关增长的趋势，协偏度系数有向负相关增长的趋势。

表7－8　煤炭市场与碳市场的相关性及协高阶矩统计结果

碳市场	样本区间	cr	cs_{12}	cs_{21}	ck_{13}	ck_{31}	cv
北京	试验期	0.023	1.581	0.080	1.842	0.186	1.955
	发展期	0.005	－0.427	0.252	9.148	1.053	7.260
广东	试验期	0.004	0.968	0.285	3.221	0.183	7.203
	发展期	0.041	－0.912	0.325	22.221	0.522	6.592
湖北	试验期	－0.005	0.208	0.055	－2.912	－0.097	0.691
	发展期	0.037	－0.201	0.016	1.113	0.169	2.092

注：表中用加粗标识的数字表示往风险传染方向增强的统计值。

表7－9　石油市场与碳市场的相关性及协高阶矩统计结果

碳市场	样本区间	cr	cs_{12}	cs_{21}	ck_{13}	ck_{31}	cv
北京	试验期	－0.074	－18.048	7.162	－564.049	－98.102	435.158
	发展期	0.014	－1.432	6.785	－89.898	68.849	285.918
广东	试验期	－0.005	2.726	－6.734	19.185	－24.061	206.284
	发展期	－0.003	2.988	－0.547	51.683	－10.774	87.588
湖北	试验期	－0.032	－0.936	－0.377	－17.039	－14.043	59.631
	发展期	0.005	－5.167	－50.598	6.479	111.929	412.664

注：表中用加粗标识的数字表示往风险传染方向增强的统计值。

根据能源市场与碳市场的相关性及协高阶矩的统计结果，可以看到：

① 协高阶矩系数统计值由公式（6－6）至公式（6－10）计算得到。

（1）碳市场从试验期进入发展期后，石油市场与碳市场之间的相关性（cr）均得到了增强（虽然与广东碳市场之间的相关系数为负数，但相比试验期有一定的上升趋势），煤炭市场与广东和湖北碳市场之间的相关性有所增强。然而，相关性并没有完全捕捉能源市场与碳市场间的关联。能源市场与碳市场在协高阶矩层面的联系表现得更加普遍和明显。

（2）从非对称相依性（cs_{12}、cs_{21}）结果来看，一方面，煤炭市场对碳市场在cs_{12}层面的关联性均有朝风险传染方向增强的趋势。这表明进入发展期以后，当煤炭市场收益率降低时（处于下跌阶段），可能使更多资金涌入碳市场，对碳市场的供求预期产生冲击，从而加剧碳市场波动性；反之则相反。此外，煤炭市场波动性与湖北碳市场收益率（cs_{21}）也具有朝风险传染方向增强的趋势。另一方面，石油市场与湖北碳市场在cs_{12}和cs_{21}两个层面都有风险传染的倾向，与北京碳市场的联系仅表现在波动率到均值（cs_{21}）上，没有发现石油市场对广东碳市场之间具有非对称相依性。

（3）极值相依性的统计结果总体表明，发展期相比试验期，能源市场与碳市场收益率联合分布变得更加“尖峰厚尾”，表现为两个市场间绝大多数的协峰度系数与协波动率系数都有明显增长。其中，石油市场对所有碳市场的协四阶矩系数（ck_{13}、ck_{31}和cv）均有增强趋势，表明作为开放度和成熟度最高的能源市场（张大永和姬强，2018），当石油市场的收益率大幅变化时，将加剧改变碳市场投资者的心理预期，使得碳市场收益率下跌或上涨概率变化明显。煤炭市场对北京、广东和湖北碳市场极值相依性则主要体现在协峰度层面。

综上所述，我们可以清楚地看到，相比主流的相关系数法，本章使用的协高阶矩体系能够更加全面地揭示市场间在不同矩层面的变动趋势。统计结果表明，进入发展期后能源市场与试点碳市场间的联系变得更加紧密了。当然，要得到更为可靠和精确的风险传染结论，需要运用协高阶矩检验体系判别市场间相关系数和协高阶矩系数是否发生了显著变化，即是否具有显著的风险传染效应。

三、煤炭市场对碳市场的风险传染效应分析

在相关性与协高阶矩统计结果的基础上，本章进一步运用协高阶矩检验体系（Fry - Mckibbin，2010；Fry - Mckibbin 和 Hsiao，2018），判定能源市场对碳市场是否发生了实质性的风险传染。不过与他们的研究所不同的是，本章不仅研究了煤炭市场、石油市场对碳市场的静态风险传染效应，还基于滚动窗口期方法展开了动态风险传染效应分析，从而实现了对两个市场间日度风险传染效应进行动态观测的目的。

（一）煤炭市场对碳市场的静态风险传染分析

表 7 - 10 报告了煤炭市场对碳市场的静态风险传染检验结果。需要说明的是，判定一个市场是否对另一个市场发生了实质性风险传染，需要综合风险传染检验统计量的显著性结论和协高阶矩系数统计结果得到。若检验统计量显著且对应的相关系数或协高阶矩系数朝风险传染方向增强，则说明该市场对碳市场之间产生了风险

传染。例如，在判断煤炭市场是否对广东碳市场发生了风险传染时，除了需要考察风险传染检验统计量是否具有统计上的显著性以外，还需要观察表 7－8 相应统计系数是否朝着风险传染方向增强。可以看到，虽然煤炭市场对广东碳市场在 CS_{12}、CK_{13}、CK_{31} 和 CV 等风险传染统计量上均显著，但是结合风险传染方向的相关结论，无法得到“煤炭市场对广东碳市场通过波动率到波动率（CV）的途径发生了实质性风险传染”的结论。换句话说，表 7－10 中用粗体加下划线标识的数字表明发生了实质性风险传染。

表 7－10　煤炭市场对碳市场的静态风险传染检验结果

碳市场	CR	CS_{12}	CS_{21}	CK_{13}	CK_{31}	CV
北京	0.138 (0.709)	**2.887*** (0.089)	1.235 (0.266)	0.804 (0.369)	**40.016***** (0.000)	**16.121***** (0.000)
广东	0.474 (0.491)	**5.843**** (0.015)	0.477 (0.489)	**14.326***** (0.000)	**7.325***** (0.006)	6.153** (0.013)
湖北	0.590 (0.442)	1.594 (0.206)	0.543 (0.460)	**3.157*** (0.075)	**11.343***** (0.001)	**17.402***** (0.000)

注：表中数字为风险传染检验统计量值；括号中数字为对应的显著性 p 值，＊＊＊、＊＊和＊分别代表在 1%、5%和 10%概率水平下显著。粗体加下划线的数字表示结合相关系数和协高阶矩系数统计值，在 10%或者更高的概率水平下具有实质性风险传染的统计量。

由表 7－10 的静态风险检验结果可以看出：

首先，整体而言，进入发展期后煤炭市场对碳市场发生了较为普遍的风险传染。这表现为从二阶到四阶的层面，煤炭市场对所有碳市场均发生了一定程度的风险传染。正如前文所指出的那样，作为新兴市场，碳市场在试验期总量设定、分配方法、核查报告机制、抵消比例等运行机制很不完善，导致市场流动性低、配额稀缺性不足、控排企业缺乏减排动力等诸多问题。这些问题使得碳市场关注度和参与度较少，从而与煤炭市场等能源市场的联系还不够紧密。不过这些问题在碳市场的不断发展过程中得到了逐步解决，在这个过程中，煤炭市场与碳市场在信息、资金等方面的流动变得更加顺畅，从而相比试验期，煤炭市场对碳市场在发展期发生了较为普遍的风险传染效应。

其次，传统的以相关系数法判定两个市场之间是否发生了风险传染的做法会大大低估风险传染的真实情况。在上述实证结果中，若仅依靠相关系数进行判断，会得到“煤炭市场对试点碳市场均不存在显著的风险传染”的结论。很显然，这一结论并没有反映煤炭市场对碳市场风险传染的真实情况。事实上，实证结论表明，煤炭市场对碳市场的风险传染渠道主要发生在协偏度、协峰度和协波动率这些更高阶矩的层面。因此，忽略煤炭市场与碳市场之间在协偏度、协峰度和协波动率层面的风险传染效应将会大大低估碳市场潜在的风险，从而增加碳市场爆发重大风险的概率。

再次，从协高阶矩层面的检验结果来看，煤炭市场与碳市场之间通过协峰度和协波动率途径发生风险传染的次数明显高于协偏度。在协高阶矩检验体系中，相关性测度了市场间的线性相依性（linear dependence），协偏度测度了市场间的非对称相依性（asymmetric dependence），协四阶矩测度了市场间的极值相依性（extremal dependence）。因此，在煤炭市场与碳市场所有的风险传染途径中，最应该引起重视的是两个市场之间在极端波动上的关联性，然后是市场间均值（波动率）到波动率（均值）的关联性，之后才是两个市场收益率水平值的关联性。

最后，煤炭市场从多个途径对试点碳市场发生了风险传染（尽管存在一定差异），这与我国以煤为主的能源消费结构也有很大关联。如果考虑欧盟碳市场，对比实证结论可以发现，煤炭市场对中国试点碳市场的风险传染渠道要明显多于欧盟碳市场①。中欧之间在能源消费结构上具有较大差异，煤炭在中国一直是占比最高的化石能源。截至 2018 年底，煤炭消费在中国全年化石能源消费中的占比为 59%。而欧盟经济对煤炭的依赖性较低，同时法国、德国等多个欧洲国家公布了淘汰煤电的计划表②，使得欧盟碳市场受煤炭市场的风险传染相对较弱。

（二）煤炭市场对碳市场的动态风险传染分析

基于协高阶矩体系的风险传染检验方法大大拓展了我们研究碳市场风险传染问题的视野，不过也存在检验统计量为静态等重要缺陷。当某一事件前后的样本量较少时，这些缺陷导致的问题还不突出。但是，在事件后的样本量较大时，就可能有其他影响风险传染的重要因素出现。例如，在碳市场运行机制不断发展成熟的同时，中美贸易摩擦等一系列重大事件对能源市场与碳市场间的风险传染也具有不可忽视的影响。因此，仅从静态角度检验风险传染关系具有较大的局限性，而掌握能源市场对碳市场的动态风险传染关系对投资者和监管者而言尤为重要，这可以帮助他们及时调整投资策略和监管措施。

本部分在弗莱 - 麦基宾等（2010，2018）的研究基础上，使用滚动窗口动态观测能源市场与碳市场的风险传染关系。具体来说，对发展期的样本期间设定一个滚动窗口期，每滚动一次，就对滚动窗口数据样本和试验期数据样本做风险传染效应检验，以此方式实现动态观测的目的。在滚动窗口期的选择上，考虑到碳市场都有自己的履约周期（大约 1 年），控排企业一个履约周期内逐步完成排放报告、核查、清缴等行为，因此在下文的实证中，以考察期内各碳市场的年平均交易天数作为滚动窗口期。

图 7 - 1 展示了煤炭市场对碳市场的动态风险传染关系。图中曲线为基于滚动窗口计算的动态相关系数和协高阶矩系数统计值；灰色区域表示未通过显著性检验的区间；与横轴平行的虚线表示试验期中煤炭市场对碳市场的相关系数与协高阶矩统计值，以帮助我们直观判断是否朝着风险传染的方向增强。结合风险传染的方向可知，白色区

---

① 考虑到本书研究重点，此处未公布欧盟碳市场的相关实证结果。

② 见国际能源署（IEA）发布的《全球煤炭市场报告（2018—2023）》。截至目前，比利时、奥地利、瑞典已经关闭了本国所有煤电厂。

域（通过显著性检验）中高于虚线的相关系数、协峰度、协波动率统计值，以及低于虚线的协偏度统计值表示发生了实质性风险传染的部分。以图 7－1（a）中 *CV* 所示的结果为例，在通过显著性检验的部分中（白色区域），大部分都处于虚线以下，说明相比试验期，这部分并没有通过 *CV* 对北京碳市场发生风险传染。

从动态视角出发可以看到一些明显的结论：

（1）对中国试点碳市场而言，煤炭市场通过线性相依性对碳市场发生风险传染的次数最少。煤炭市场对碳市场的风险传染效应更多体现为极值相依性（协峰度和协波动率），其次是非对称相依性，最后才是线性相依性。

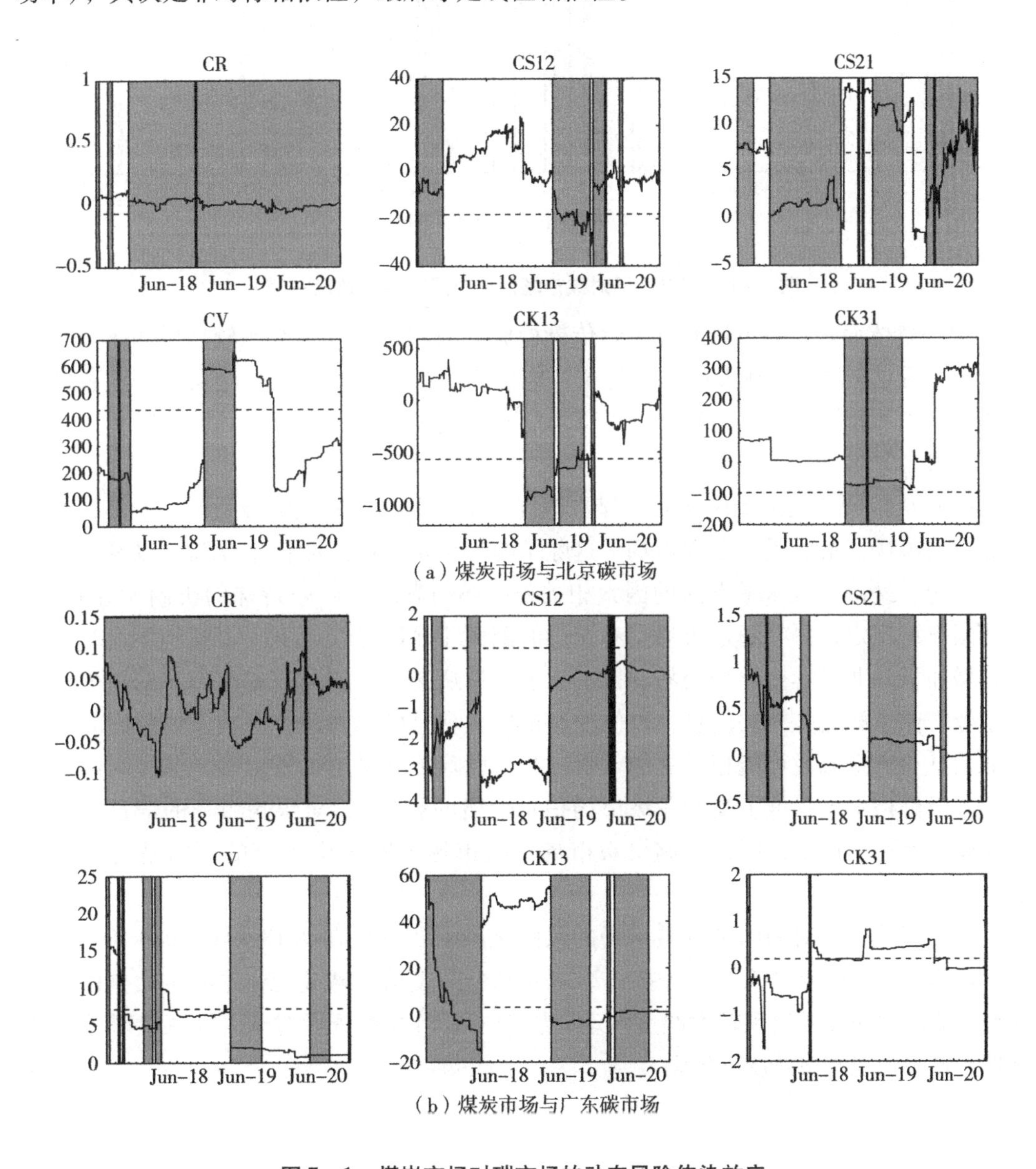

（a）煤炭市场与北京碳市场

（b）煤炭市场与广东碳市场

图 7－1　煤炭市场对碳市场的动态风险传染效应

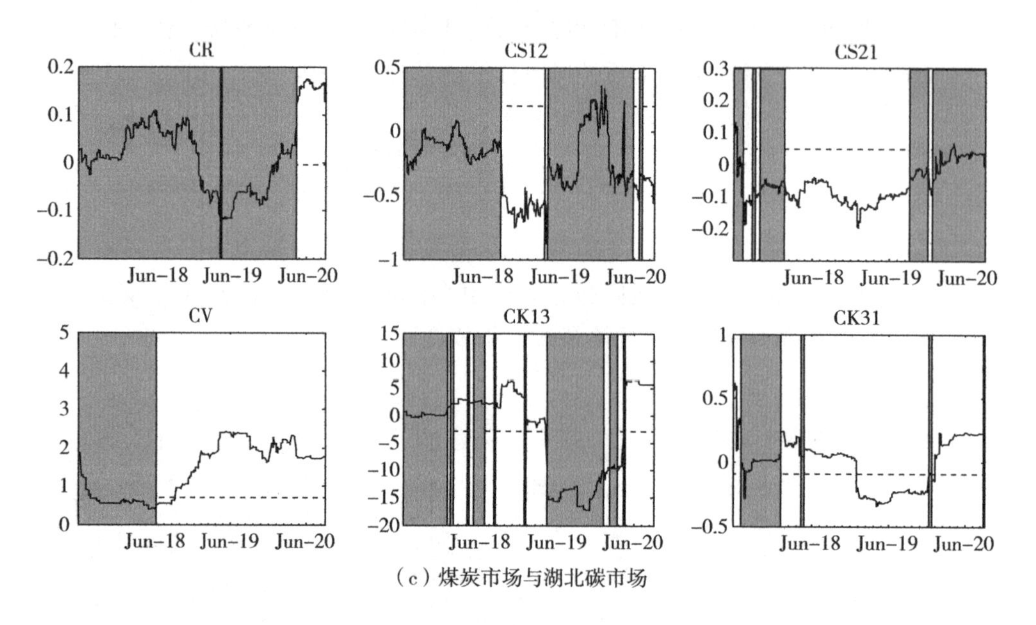

（c）煤炭市场与湖北碳市场

图7－1 煤炭市场对碳市场的动态风险传染效应（续）

（2）整体而言，各市场通过风险传染检验的区间大多分布在比较靠后的滚动窗口期，越往后意味着碳市场发展时间越长、成熟度越高。因此，该结论反映出随着碳市场成熟度的不断提高，煤炭市场与碳市场的联系更加紧密，对碳市场的风险传染效应有所增强。

（3）从传染渠道的范围来看，煤炭市场对湖北碳市场的风险传染渠道最多，其次是北京碳市场，最后是广东碳市场。这除了与控排企业以高能耗企业为主以及与能源消费结构、经济发展水平方面的因素相关外，还与湖北、广东特殊的机制设计有关。湖北碳市场规定，只有通过市场交易获得的配额才允许存续至下一个履约年度，这项规定增加了湖北控排企业的交易动机。为了尽量从交易中获利或避免潜在的损失，控排企业需要了解更多相关信息，以便准确把握交易时机。因此，煤炭市场与湖北碳市场的信息和资金流通可能相对更加频繁一些，风险传染渠道也要更多一些。而广东碳市场二级价格很大程度上受到一级市场拍卖价格的影响①，对煤炭市场的信息反应相对较弱。上述结论也说明，影响煤炭市场对碳市场风险传染效应的原因是复杂多样的。

（4）煤炭市场对中国试点碳市场的风险传染主要发生在2018年和2020年。2017年英国脱欧，2018年中美贸易摩擦，2020年初新冠疫情全球蔓延，这些重大事件导致控排企业对能源需求出现较大幅度波动，影响了碳市场投资者对未来配额供求的心理预期，最终引发碳市场剧烈波动。

① 截至2020年底，广东碳市场共进行19次配额拍卖，经过拍卖的配额成交量和成交额占全部试点碳市场的90%。此外，每次拍卖设有拍卖底价，拍卖底价对广东碳配额价格具有很强的指导作用。

四、石油市场对碳市场的风险传染效应分析

（一）石油市场对碳市场的静态风险传染分析

表7－11报告了石油市场对碳市场的静态风险传染检验结果。判定一个市场是否对另一个市场发生了实质性风险传染，需要综合风险传染检验统计量的显著性结论和协高阶矩系数统计结果得到。

表7－11　石油市场对碳市场的静态风险传染检验结果

碳市场	CR	CS_{12}	CS_{21}	CK_{13}	CK_{31}	CV
北京	**3.142***	9.077***	0.967	**61.096*****	**49.486*****	147.343***
	(0.076)	(0.002)	(0.325)	(0.000)	(0.000)	(0.000)
广东	0.013	0.015	9.558***	1.191	**23.479*****	31.766***
	(0.907)	(0.901)	(0.002)	(0.275)	(0.000)	(0.000)
湖北	0.490	2.116	**175.324*****	**3.274***	**0.0002*****	**319.617*****
	(0.483)	(0.145)	(0.000)	(0.070)	(0.000)	(0.000)

注：表中数字为风险传染检验统计量值；括号中数字为对应的显著性 p 值，***、**和*分别代表在1%、5%和10%概率水平下显著；粗体加下划线的数字表示，结合相关系数和协高阶矩系数统计值，在10%或者更高的概率水平下具有实质性风险传染的统计量。

根据表7－11的静态风险传染检验结果可以发现：

同煤炭市场对碳市场的静态风险传染检验结果类似，石油市场也主要是通过协偏度、协峰度和协波动率等协高阶矩渠道对试点碳市场发生风险传染，线性相关性能捕捉到的风险传染十分有限。

针对协高阶矩传染途径而言，无论是煤炭市场还是石油市场与碳市场的风险传染检验结论均表明，风险传染渠道更多是发生在协峰度和协波动率等协四阶矩层面。因此，碳市场参与者要特别重视能源市场与碳市场的极值相依性层面的风险传染，做好防范措施，切实降低风险概率。

相比之下，石油市场对碳市场的风险传染途径要略多于煤炭市场。除了对煤炭依存度不断降低外，作为开放度和成熟度最高的能源市场，石油兼具能源属性和金融属性，因此石油市场剧烈波动造成的影响更大、对碳市场的传染途径也相对复杂。其中，石油市场对国内碳市场的风险传染渠道最多的是湖北碳市场，最少的是广东碳市场。

（二）石油市场对碳市场的动态风险传染分析

在静态风险传染检验的基础上，图7－2报告了石油市场对每个碳市场的动态风险传染结果。

根据图7－2的直观表象可以看到一些明显的结论：

（1）石油市场通过线性相关性渠道对碳市场发生风险传染的次数最少。与煤炭市场对碳市场的风险传染实证结论一致，进入发展期，石油市场与碳市场之间的风险传染效应主要体现为极值相依性（协峰度和协波动率），其次是非对称相依性，最后才是线性相依性。

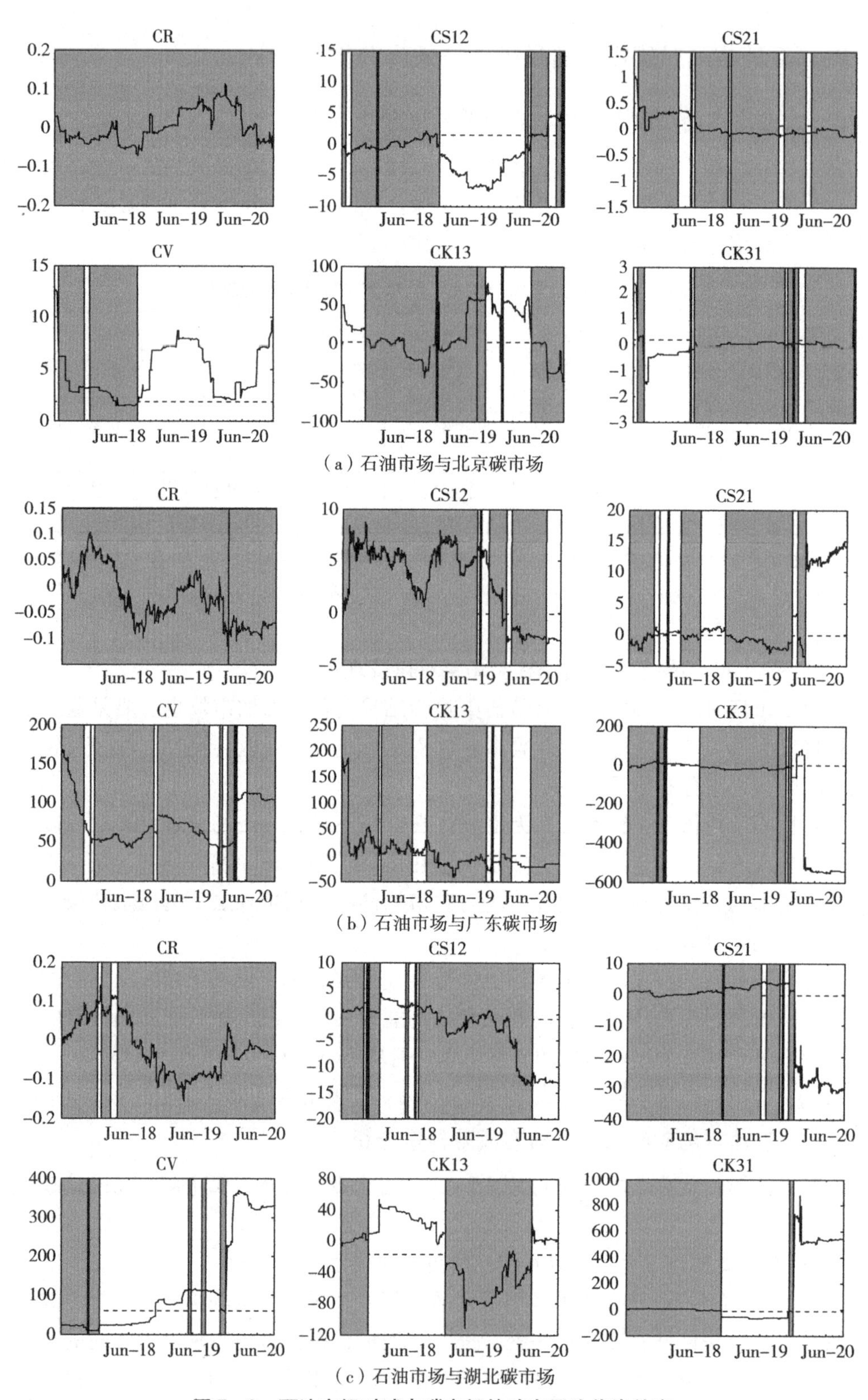

（a）石油市场与北京碳市场

（b）石油市场与广东碳市场

（c）石油市场与湖北碳市场

图 7-2　石油市场对试点碳市场的动态风险传染效应

（2）石油市场对各个碳市场的风险传染渠道具有明显差异，再次证明了碳市场之间具有独立的运行机制和价格形成机制。此外，随着各个碳市场开放度和成熟度不断提高，石油市场与碳市场之间的信息、资金等要素流动更加顺畅，石油市场对碳市场的风险传染效应也在逐步增强。这表现为通过检验的区间大多分布在比较靠后的滚动窗口期。

（3）近几年石油市场较大的波动包括：2018 年中美贸易摩擦与石油输出国组织（OPEC）增产叠加导致油价暴跌 40%；2020 年新冠疫情暴发与“维也纳联盟”破裂叠加导致油价跌幅超过 60%。从图 7－2 可以看到，当石油市场出现极端波动时，石油市场对碳市场的风险传染也明显增强。例如，发生在 2020 年 3 月的油价暴跌事件对除广东外的所有碳市场均发生了显著的风险传染，可以看到石油市场对这些碳市场的协高阶矩统计值朝着风险传染的方向急剧运动。

总的来说，相比静态风险传染检验法，本章使用的动态风险传染检验法能够反映的风险传染信息更全面、更及时。一方面，从比一阶矩更高阶的层面全面捕捉市场间的动态风险传染关系；另一方面，可以动态观测当能源市场或实体经济中发生重大事件时，石油市场或煤炭市场对碳市场的风险传染效应。

第八章　结论与展望

第一节　主要结论

当前，碳市场发展逐渐成熟，碳市场运行机制也日渐完善，碳市场作为市场类的环境气候政策工具受到越来越多国家和地区的青睐。碳市场中，碳价格是核心要素，它为全社会提供了明确的减排信号。准确掌握碳价格实际波动特征及其风险状况，对于控排企业、投资者制定科学合理的减排和投资决策以及监管部门后续相关政策的出台都具有十分重要的理论和现实意义。在这个背景下，本书以我国碳市场为例，紧紧围绕碳市场发展的理论与实践这个主题展开系统研究。取得的主要结论如下：

第一，试点碳市场发展存在明显差异，主要体现在两个方面：（1）运行机制设计差异。这种差异体现在总量设定、覆盖范围、分配方法、抵消机制、稳定机制、交易机制等各个方面。不同试点碳市场所属行政区域在经济发展水平、行业结构、能源消费结构、资源禀赋以及减排理念等方面差异明显，是导致运行机制差异的主要原因。（2）市场表现差异，表现为试点碳市场在价格水平、交易量、市场活跃度等方面差异十分明显，不同的运行机制设计是导致这种差异的重要原因。

第二，试点碳市场运行机制设计逐步完善。随着试点碳市场建设的逐步推进，各市场的运行机制设计相比运行初期已经大大改进。例如，总量目标或碳排放强度目标逐年加强；扩大覆盖行业范围，降低企业碳排放门槛，将更多高碳排放行业、企业纳入管理；允许机构投资者和个人投资者参与碳交易；引入配额拍卖机制，并逐步提高比例；开展碳配额远期交易，增强市场流动性，增加控排企业风险管理工具；推出碳市场稳定机制，保障碳市场平稳运行；加大违约处罚力度，保障碳市场减排目标的顺利实现。这些改进措施，使得试点碳市场运行机制逐步完善，碳市场成熟度、活跃度、吸引力也逐步提高。

第三，碳市场建设与发展具备经济学理论基础。碳排放作为一种典型的环境问题，负外部性理论与科斯定理是碳市场建设的经济学理论基础。碳市场减排作用的有效发挥取决于有效率的碳价格，它决定了碳减排的成本或激励。而有效率的碳价格由碳市场供求决定，总量设定、覆盖范围、分配机制等机制设计内容都将作用于碳市场供求。

因此，碳市场在设计时如果充分体现了经济学思想，那么它应该能起到明显的减排效应和经济效应。经过梳理发现，大量文献为碳交易机制取得的减排效应和经济效应提供了经验证据。

第四，在对碳价格波动特征及风险状况等实践问题研究时，突破“均值—方差”二维框架，尝试对中国试点碳价格变化的非对称性（三阶矩）和厚尾性（四阶矩）随时间变化的特征进行考察，以帮助我们更加深刻地认识国内碳价格的复杂变化规律。本书的研究表明，与条件方差一样，试点市场碳价格的高阶矩变化也具有时变效应，具体表现为碳价格的条件偏度和条件峰度存在显著聚集性和持续性等特征。而且当条件方差较大时，碳收益率条件偏度和条件峰度也较大，即三者的变动具有同步性。进一步地，基于更稳健和严谨的 SPA 检验发现，考虑时变高阶矩信息的 GARCHSK 模型和 GJRSK 模型能够比常数高阶矩波动模型取得更高的样本外波动率预测精度。这就意味着我们可以运用第 t 期的可得信息去预测第（$t+1$）期碳收益的非对称特征和厚尾特征。

第五，既然从提高模型对试点碳市场实际波动状况的刻画能力和对未来波动率的预测能力两方面考虑，时变高阶矩波动模型都是最佳的选择，那么有必要进一步探讨时变高阶矩信息在试点碳市场风险测度中的适用范围和精确程度。本书利用针对 VaR 的非条件覆盖检验和条件覆盖检验以及针对 ES 的基于 Bootstrap 的后验分析方法，从样本内风险估计和样本外风险预测两个视角出发，实证对比了时变高阶矩波动模型与常数高阶矩波动模型在碳市场风险测度中的精确程度和适用范围。主要结论为，无论是样本内风险估计还是样本外风险预测，时变高阶矩波动模型都具有比常数高阶矩波动模型明显更高的风险测度精度，该结论对北京、广东和湖北碳市场均具有适用性。不过同属四阶矩模型的 GARCHSK 与 GJRSK 取得的风险测度精度并没有明显差异。

第六，能源市场与碳市场有着天然的经济联系，这是因为碳排放的主要来源是能源消耗。如前所述，三阶矩衡量了碳价格的非对称波动风险，四阶矩衡量了碳价格的极端波动风险。因此，本书在对碳价格的高阶矩动力学特征及其风险状况进行研究的基础上，将其拓展至多元框架，从高阶矩视角探讨碳市场发展过程中能源价格与碳价格之间的风险传染关系。这一拓展进一步增加了本书的理论创新和实践价值，可以帮助我们更加充分地认识能源价格与碳价格之间的风险传染机制。取得的主要结论有：

（1）碳价格与能源价格、股票指数等都表现出了显著的长期均衡关系或协整关系。不过，这种均衡关系在不同发展阶段具有明显差异，基于发展期样本得到的均衡关系更加接近理论预期。

（2）静态风险传染检验和动态风险传染结果均表明，传统的从线性相依性角度考察金融市场间风险传染效应的做法具有很大的局限性。能源市场对碳市场的风险传染渠道更多体现在非对称相依性（CS_{12}、CS_{21}）和极值相依性（CK_{13}、CK_{31}和 CV）层面，尤其是在极值相依性层面联系最为紧密。

（3）与弗莱－麦基宾等（2010，2018）提出的静态风险传染检验相比，本书运用的动态风险传染检验方法反映的风险传染信息更加全面、及时。特别是当能源市场或实体经济受到重大冲击时，石油市场、煤炭市场对碳市场的关系往往朝着风险传染的方向急剧变化。通过对上述风险传染特征的捕捉，可以帮助投资者有效避免或减轻碳市场极端风险的冲击，保障碳市场平稳健康运行。

（4）能源市场对碳市场的风险传染途径具有明显的差异，表现为煤炭市场、石油市场对同一碳市场的风险传染路径不一致，以及同一能源市场对不同碳市场的风险传染路径也存在差异。这不仅与各个能源市场的开放度和成熟度有关，区域之间在运行机制设计、经济发展水平、产业结构、能源消费结构等方面的差异也是主要原因。

第二节　对全国碳市场建设的启示

中国正在按照“先试点再建设全国碳市场”的总体方案有条不紊地推进我国碳市场建设。2017 年 12 月，在碳市场试点的基础上，正式启动全国碳市场建设。历经近 4 年的准备工作，全国碳市场终于在 2021 年 7 月 16 日正式开展线上交易。全国碳市场的成功运行必将为我国顺利完成碳减排目标提供强大助力。

本书的定性和定量研究结论都表明，运行机制设计对碳市场建设和发展起着基础性的作用。现阶段，全国碳市场还处于运行初期，运行机制设计还不健全和完善。本书研究结论对全国碳市场建设有如下几点启示：

第一，结合经济学理论，建立符合国情的运行机制。例如，在总量设定时不应该采用欧盟碳市场那种配额总量逐年减少的做法，而应该基于基准线法进行加总。因为当前我国所处的经济发展阶段决定了未来一段时间内我国碳排放只能是降低强度，而非绝对量的减少。在此基础上，引入对配额总量的修正机制，避免宏观经济过度波动对碳市场造成不利影响。比如，配额总量与 GDP 的核心宏观指标挂钩。履约机制应该更为灵活，避免对企业经营活动造成过大冲击，同时有利于碳市场基础制度的建设。在分配方式上，全国碳市场应该适时引入拍卖等有偿分配方式，不仅可以增强控排企业的减排成本意识，而且能够通过对拍卖比例、保留价格等要素设定对部分行业或企业实现差异化的减排激励。可适时考虑引入稳定机制、允许个人和机构有限参与等，比如建立市场稳定储备、价格波动区间触发机制（北京碳市场）等，这些机制已经在试点碳市场中进行实践，并取得了较好的效果。

第二，严格把好控排企业碳排放基础数据的质量关，这是全国碳市场建设的重中之重。EU ETS 以及试点碳市场发展过程中出现的总量过剩、价格波动大、交易活跃度低等一系列问题，归根结底都与基础数据质量有很大关联。一方面，基础数据质量直接关乎碳市场运行机制设计的科学性和合理性，这不仅体现在运行期初的各种运行机制设计上，更为重要的是，高质量的基础数据可以让我们及时修正运行机制设计中不合理的部分，从而保障碳市场长期健康稳定发展和节能减排功能的有效发挥。另一方面，碳达峰、碳中和目标的实现必须要有高质量基础数据的支持，比如，碳达峰过程中涉及配额分配的行业基准值设定，碳中和过程中年度或阶段性配额总量的设定等。为了保障数据质量，建议如下：（1）在全国碳市场运行前几年（比如2025年以前），可以考虑减轻控排企业履约压力以及增加控排企业履约灵活性，对未能履约的情况制定相对较轻的处罚措施，从而减少基础数据质量环节中来自控排企业方面的阻力；（2）加强MRV机制建设，增加MRV机制的可操作性，避免“核查员既当运动员又当裁判员”等情况出现，对于数据谎报、瞒报等欺骗行为，应该对控排企业同时从行政层面和经济层面进行处罚，对参与数据欺骗行为的核查机构应该从重处罚；（3）使用实际排放数据对控排企业提交的经核查的报告数据进行交叉比对，对偏离幅度靠前（比如前5%）的控排企业进行复查，并强制其更换服务的核查机构。

第三，加强信息披露。本书基于试点碳市场公开的碳价格数据取得了一些有价值的研究成果。事实上，中国试点碳市场和全国碳市场官网目前披露的主要信息仅限于交易价格、交易量以及相关地方政策等内容，而对于更加微观的数据（比如逐笔交易信息、控排企业获得配额和实际排放量等）还没有公布。信息不透明不仅影响了投资者参与碳市场的信心和热情，更重要的是无法获得来自社会各界有价值的改进建议。比如，目前学术界已经有非常丰富且成熟的研究方法，但苦于得不到足够的有价值的信息，从而无法对碳市场建设提供深入且有建设性的意见参考。全国碳市场应该以上市公司信息披露为模板，加强信息披露建设，把全国碳市场尽快建设成为一个透明、高效、活跃和公平的碳市场。

第四，全国碳市场也是在总量交易（cap and trade）的框架下运行，且运行机制总体上与试点碳市场较为类似。因此，对参与全国碳市场的控排企业以及未来可能进入的机构和个人投资者而言，除了要考虑碳价格变化一阶矩（预期收益）、二阶矩（波动率）层面的变化以外，还应当重视碳价格三阶矩（偏度）和四阶矩（峰度）的时变特征。本书基于时变高阶矩波动模型的风险测度结论以及基于协高阶矩检验体系的风险传染结论均表明，从高阶矩视角探索碳市场的风险特征同样具有很强的理论和现实意义。特别地，当前全国碳市场仅纳入了发电行业，因此全国碳市场与发电行业的联动关系需要引起足够的重视。

第三节　研究展望

本书对我国碳市场发展理论与实践问题展开了系统研究，并取得了一些具有理论创新和实践价值的成果。未来还有诸多有价值的研究主题值得我们进一步探索：

首先，碳市场发展的理论问题。碳市场本身是经济学理论在环境管理中的应用，碳市场各个环节都应该有经济学理论做支撑。不过，如何创新理论，使理论与实际相结合，设计出与地方实际情况相适应的运行机制，关系着碳市场减排的实际成效，也是摆在学术界面前的一个重大理论问题。对于该问题的研究，可以从博弈论等经济学理论出发，分析现有运行机制可能存在的问题；也可以从实验经济学等实证方法出发，探讨运行机制设计对碳价格或碳市场流动性的影响。

其次，本书从高阶矩视角探讨了能源市场对碳市场的风险传染关系，研究表明能源市场对碳市场的风险传染关系是一个非常复杂的非线性过程。对比分析发现，运行机制、经济发展水平、产业结构、能源消费结构等方面的差异都是引起这种风险传染关系发生的重要原因。但是，未来还需要运用系统严谨的方法对这些因素引起风险传染的作用机制展开深入讨论。

最后，加强对试点碳市场之间以及试点碳市场与全国碳市场连接的研究。试点碳市场在运行机制设计上具有非常明显的差异，这种差异直接反映在碳市场运行效率以及碳价格层面。随着碳市场进一步发展，这种差异将不利于我国节能减排工作的整体推进。因此，应该加快对规则统一、价格转换等影响碳市场连接的重点课题开展研究，积极推动试点碳市场之间以及试点碳市场与全国碳市场的连接，形成统一的规则和制度体系，这也有利于将来国家碳市场与欧盟等国际碳市场进行对接。

参考文献

［1］艾明，王海林，文武康，潘勋章．欧盟碳期货价格影响因素分析［J］．环境经济研究，2018（3）：19－31.

［2］阿尔弗雷德·马歇尔．经济学原理［M］．朱志泰、陈良璧译．北京：中国社会科学出版社，2008.

［3］阿瑟·赛斯尔·庇古．福利经济学［M］．朱泱、张胜纪、吴良键译．北京：商务印书馆出版社，2020.

［4］曹明德，崔金星．欧盟、德国温室气体监测统计报告制度立法经验及政策建议［J］．武汉理工大学学报（社会科学版），2012（2）：141－149.

［5］柴尚蕾，周鹏．基于非参数 Copula－CVaR 模型的碳金融市场集成风险测度［J］．中国管理科学，2019（8）：1－13.

［6］陈海龙，周融，雷汉云．激励与惩罚：碳排放权交易试点对产业结构的影响［J］．云南财经大学学报，2023（6）：18－34.

［7］陈欣，刘明，刘延．碳交易价格的驱动因素与结构性断点——基于中国七个碳交易试点的实证研究［J］．经济问题，2016（11）：29－35.

［8］陈晓红，王陟昀．欧洲碳排放权交易价格机制的实证研究［J］．科技进步与对策，2010（19）：142－147.

［9］陈晓红，王陟昀．碳排放权交易价格影响因素实证研究——以欧盟排放交易体系（EUETS）为例［J］．系统工程，2012（2）：53－60.

［10］陈道平，廖海凤，谭洪．中国碳交易政策的减排效应及其机制研究［J］．技术经济，2022，41（7）：106－119.

［11］淳伟德，王璞．基于 EVT 的碳金融市场收益率尾部特征研究［J］．社会科学研究，2012（3）：17－20.

［12］段茂盛，庞韬．碳排放权交易体系的基本要素［J］．中国人口·资源与环境，2013（3）：110－117.

［13］董直庆，王辉．市场型环境规制政策有效性检验——来自碳排放权交易政策视角的经验证据［J］．统计研究，2021（10）：48－61.

［14］杜莉，孙兆东，汪蓉．中国区域碳金融交易价格及市场风险分析［J］．武汉大学学报（哲学社会科学版），2015（2）：86－93.

［15］杜坤海，王鹏．成交量信息有助于预测碳价格波动吗？来自中国碳市场的经验证据［J］．财经科学，2020（1）：42－54.

［16］方立兵，刘海飞，李心丹．比较“金砖五国”股票市场的系统重要性：基于危机传染的视

角［J］. 国际金融研究，2015（3）：64－75.

［17］费兆奇. 国际股市一体化与传染的时变研究［J］. 世界经济，2014（9）：173－192.

［18］傅京燕，章扬帆，谢子雄. 制度设计影响了碳市场流动性吗？——基于中国试点地区的研究［J］. 财贸经济，2017（8）：129－142.

［19］郭福春，潘锡泉. 碳市场：价格波动及风险测度——基于 EU ETS 期货合约价格的实证分析［J］. 财贸经济，2011（7）：110－118.

［20］海小辉，杨宝臣. 欧盟排放交易体系与化石能源市场动态关系研究［J］. 资源科学，2014（7）：1442－1451.

［21］郝海青，毛建民. 欧盟碳排放权交易法律制度的变革及对我国的启示［J］. 中国海洋大学学报（社会科学版），2015（6）：82－87.

［22］胡珺，黄楠，沈洪涛. 市场激励型环境规制可以推动企业技术创新吗？——基于中国碳排放权交易机制的自然实验［J］. 金融研究，2020（1）：171－189.

［23］胡根华，朱福敏. 碳价格波动率模型构建与预测：基于无穷活动率 Levy 过程［J］. 数理统计与管理，2018（5）：892－903.

［24］黄卓，李超. 动态金融高阶矩建模：基于 Generalized－t 分布和 Gram－Charlier 展开分布的比较研究［J］. 中国管理科学，2015（10）：11－18.

［25］蒋晶晶，叶斌，马晓明. 基于 GARCH－EVT－VaR 模型的碳市场风险计量实证研究［J］. 北京大学学报（自然科学版），2015（3）：511－517.

［26］李峰，王文举. 中国试点碳市场配额分配方法比较研究［J］. 经济与管理研究，2015（4）：9－15.

［27］李治国，王杰. 中国碳排放权交易的空间减排效应：准自然实验与政策溢出［J］. 中国人口·资源与环境，2021（1）：26－36.

［28］李红权，洪永淼，汪寿阳. 我国 A 股市场与美股、港股的互动关系研究：基于信息溢出视角［J］. 经济研究，2011（8）：15－25.

［29］李刚，朱莉. 碳市场、石油市场和股票市场之间的动态相关性研究［J］. 南京财经大学学报，2014（3）：9－14.

［30］林坦，宁俊飞. 基于零和 DEA 模型的欧盟国家碳排放权分配效率研究［J］. 数量经济技术经济研究，2011（3）：36－50.

［31］刘志强. 碳交易理论、制度和市场［M］. 长沙：中南大学出版社，2019.

［32］刘维泉，郭兆晖. EU ETS 碳排放期货市场风险度量——基于 SV 模型的实证分析［J］. 系统工程，2011（10）：14－23.

［33］刘传明，孙喆，张瑾. 中国碳排放权交易试点的碳减排政策效应研究［J］. 中国人口·资源与环境，2019（11）：49－58.

［34］绿金委碳金融工作组. 中国碳金融市场研究［R］. 北京：中国人民大学，2016.

［35］马锋，魏宇，黄登仕. 基于符号收益和跳跃变差的高频波动率模型［J］. 管理科学学报，2017（10）：31－43.

［36］庞韬，周丽，段茂盛. 中国碳排放权交易试点体系的连接可行性分析［J］. 中国人口·资源与环境，2014（9）：6－12.

［37］齐绍洲，王班班. 碳交易初始配额分配：模式与方法的比较分析［J］. 武汉大学学报（哲学社会科学版），2013（5）：19－28.

［38］钱浩祺，吴力波，任飞州．从“鞭打快牛”到效率驱动：中国区域间碳排放权分配机制研究［J］．经济研究，2019（3）：86－102.

［39］乔晓楠，段小刚．总量控制、区际排污指标分配与经济绩效［J］．经济研究，2012（10）：121－133.

［40］邵帅，李兴．市场导向型低碳政策能否推动经济高质量发展？——来自碳排放权交易试点的证据［J］．广东社会科学，2022（2）：33－45.

［41］深圳排放权交易所．澳大利亚碳交易体系研究报告［R］．深圳：深圳排放权交易所，2015.

［42］沈洪涛，黄楠，刘浪．碳排放权交易的微观效果及机制研究［J］．厦门大学学报（哲学社会科学版），2017（1）：13－22.

［43］史代敏，田乐蒙，刘震．中国股市高阶矩风险及其对投资收益的冲击［J］．统计研究，2017（10）：66－76.

［44］宋楠，李自然，曾诗鸿．碳市场与大类资产之间的波动信息传导［J］．资源科学，2015（6）：1258－1265.

［45］宋敏，辛强，贺易楠．碳金融交易市场风险的 VaR 度量与防控——基于中国五所碳排放权交易所的分析［J］．西安财经大学学报，2020（3）：120－128.

［46］孙睿，况丹，常冬勤．碳交易的“能源—经济—环境”影响及碳价合理区间测算［J］．中国人口·资源与环境，2014（7）：82－90.

［47］孙天晴，刘克，杨泽慧，等．国外碳排放 MRV 体系分析及对我国的借鉴研究［J］．中国人口·资源与环境，2016，26（S1）：17－21.

［48］唐葆君，申程．碳市场风险及预期收益——欧盟排放贸易体系与清洁发展机制的比较分析［J］．北京理工大学学报（社会科学版），2013（1）：12－18.

［49］汤维祺，吴力波，钱浩祺．从“污染天堂”到绿色增长——区域间高耗能产业转移的调控机制研究［J］．经济研究，2016（6）：58－70.

［50］魏立佳，彭妍，刘潇．碳市场的稳定机制：一项实验经济学研究［J］．中国工业经济，2018（4）：174－192.

［51］王鹏．基于时变高阶矩波动模型的 VaR 与 ES 度量［J］．管理科学学报，2013（2）：33－45.

［52］王鹏，吕永健．国际原油市场极端风险的测度模型及后验分析［J］．金融研究，2018（9）：192－206.

［53］王鹏，王建琼，魏宇．自回归条件方差－偏度－峰度：一个新的模型［J］．管理科学学报，2009（5）：121－129.

［54］汪文隽，柏林．欧盟碳配额价格影响因素研究［J］．云南师范大学学报（哲学社会科学版），2013（4）：135－143.

［55］王文举，陈真玲．中国省级区域初始碳配额分配方案研究——基于责任与目标、公平与效率的视角［J］．管理世界，2019（3）：81－98.

［56］王倩，高翠云，王硕．基于不同原则下的碳权分配与中国的选择［J］．当代经济研究，2014（4）：30－36.

［57］王永巧，刘诗文．基于时变 Copula 的金融开放与风险传染［J］．系统工程理论与实践，2011（31）：778－784.

[58] 王明喜，李明，郭冬梅，胡毅．碳排放权的非对称拍卖模型及其配置效率［J］．管理科学学报，2019（7）：34-51.

[59] 汪文隽，缪柏其，鲁炜．基于Copula的QDII与排放权资产的投资组合构建［J］．数理统计与管理，2011（5）：922-929.

[60] 王遥，王文涛．碳金融市场的风险识别和监管体系设计［J］．中国人口·资源与环境，2014（3）：25-31.

[61] 王影，张远晴，董锋．中国碳市场风险测度［J］．环境经济研究，2020（4）：30-53.

[62] 王婷婷，张亚利，王森晗．中国碳金融市场风险度量研究［J］．金融论坛，2016（9）：57-68.

[63] 王梅，周鹏．碳排放权分配度碳市场成本有效性的影响研究［J］．管理科学学报，2020（12）：1-11.

[64] 王恺，邹乐乐，魏一鸣．欧盟碳市场期货价格分布特征分析［J］．数学的实践与认识，2010（12）：59-65.

[65] 汪文隽，周婉云，李瑾，黄钰．中国碳市场波动溢出效应研究［J］．中国人口·资源与环境，2016（12）：63-69.

[66] 吴吉林，陈刚，黄辰．中国A、B、H股市间尾部相依性的趋势研究［J］．管理科学学报，2015（18）：50-65.

[67] 吴吉林，张二华．次贷危机、市场风险与股市间相依性［J］．世界经济，2011（3）：95-108.

[68] 吴茵茵，齐杰，鲜琴，等．中国碳市场的碳减排效应研究——基于市场机制与行政干预的协同作用视角［J］．中国工业经济，2021（8）：114-132.

[69] 辛姜，赵春艳．中国碳排放权交易市场波动性分析——基于MS-VAR模型［J］．软科学，2018（11）：134-137.

[70] 许启发．高阶矩波动性建模与应用［J］．数量经济技术经济研究，2006（12）：135-145.

[71] 叶五一，韦伟，缪柏其．基于非参数时变Copula模型的美国次贷危机传染分析［J］．管理科学学报，2014（17）：151-158.

[72] 杨子晖，周颖刚．全球系统性金融风险溢出与外部冲击［J］．中国社会科学，2018（12）：69-90.

[73] 杨超，李国良，门明．国际碳交易市场的风险度量及对我国的启示——基于状态转移与极值理论的VaR比较研究［J］．数量经济技术经济研究，2011（4）：94-109.

[74] 易兰，鲁瑶，李朝鹏．中国试点碳市场监管机制研究与国际经验借鉴［J］．中国人口·资源与环境，2016（12）：77-86.

[75] 曾雪兰，黎炜驰，张武英．中国试点碳市场MRV体系建设实践及启示［J］．环境经济研究，2016（1）：132-140.

[76] 曾诗鸿，李璠，翁智雄，等．我国碳交易试点政策的减排效应及地区差异［J］．中国环境科学，2022（4）：1922-1933.

[77] 张大永，姬强．中国原油期货动态风险溢出研究［J］．中国管理科学，2018（11）：42-49.

[78] 张云．中国碳交易价格驱动因素研究——基于市场基本面和政策信息的双重视角［J］．社会科学辑刊，2018（1）：111-120.

[79] 张晨，丁洋，汪文隽．国际碳市场风险价值度量的新方法——基于 EVT - CAViaR 模型 [J]．中国管理科学，2015（11）：13 - 20.

[80] 张跃军，魏一鸣．化石能源市场对国际碳市场的动态影响实证研究 [J]．管理评论，2010（6）：34 - 41.

[81] 张跃军，魏一鸣．国际碳期货价格的均值回归：基于 EU ETS 的实证分析 [J]．系统工程理论与实践，2011（2）：214 - 220.

[82] 张涛，吴梦萱，周立宏．碳排放权交易是否促进企业投资效率？——基于碳排放权交易试点的准实验 [J]．浙江社会科学，2022（1）：39 - 47 + 157 - 158.

[83] 赵领娣，范超，王海霞．中国碳市场与能源市场的时变溢出效应——基于溢出指数模型的实证研究 [J]．北京理工大学学报（社会科学版），2021（1）：28 - 40.

[84] 郑爽．中国碳市场相关问题研究 [M]．北京：中国经济出版社，2019.

[85] 郑振龙，孙清泉，吴强．方差和偏度的风险价格 [J]．管理科学学报，2016（12）：110 - 123.

[86] Aatola, P., Ollikainen, M., & Toppinen, A., Price Determination in the EU ETS Market: Theory and Econometric Analysis with Market Fundamentals [J]. *Energy Economics*, Vol. 36, No. 3, 2013, pp. 380 - 395.

[87] Adams, Z., & Glück, T., Financialization in Commodity Markets: A Passing Trend or the New Normal? [J]. *Journal of Banking and Finance*, Vol. 60, No. 3, 2015, pp. 93 - 111.

[88] Alberola, E., The EU Emissions Trading Scheme: The Effects of Industrial Production and CO_2 Emissions on Carbon Prices [J]. *Economic Internationale*, Vol. 116, No. 4, 2009, pp. 93 - 125.

[89] Alberola, E., Chevallier, J., & Chèze, B., Price Drivers and Structural Breaks in European Carbon Prices 2005 - 2007 [J]. *Energy Policy*, Vol. 36, No. 2, 2008, pp. 787 - 797.

[90] Alen, F., & Gale, D., Financial Contagion [J]. *Journal of Political Economy*, Vol. 108, No. 1, 2000, pp. 1 - 33.

[91] Andersen, T. G., Bollerslev, T., Diebold, F. X., & Labys, P., Modeling and Forecasting Realized Volatility [J]. *Econometrica*, Vol. 71, No. 2, 2003, pp. 529 - 625.

[92] Andersen, T. G., Bollerslev, T., & Meddahi, N., Correcting the Errors: Volatility Forecast Evaluation using High Frequency Data and Realized Volatilities [J]. *Econometrica*, Vol. 73, No. 1, 2005, pp. 279 - 296.

[93] Arakelian, V., & Dellaportas, P., Contagion Determination via Copula and Volatility Threshold Models [J]. *Quantitative Finance*, Vol. 12, No. 12, 2012, pp. 295 - 310.

[94] Artzner, P., Delbaen, F., & Eber, J. M., Coherent Measures of Risk [J]. *Mathematical Finance*, Vol. 9, No. 3, 1999, pp. 203 - 228.

[95] Balcilar, M., Demirer, R., Hammoudeh, S., & Nguyen, D. K., Risk Spillovers Across the Energy and Carbon Markets and Hedging Strategies for Carbon Risk [J]. *Energy Economics*, Vol. 54, 2016, pp. 159 - 172.

[96] Bali, T. G., Mo, H., & Tang, Y. The Role of Autoregressive Conditional Skewness and Kurtosis in the Estimation of Conditional VaR [J]. *Journal of Banking and Finance*, Vol. 32, No. 2, 2008, pp. 269 - 282.

[97] Bekaert, G., & Harvey, C. R., Market Integration and Contagion [J]. *Journal of Business*,

Vol. 78, No. 1, 2005, pp. 39 – 68.

[98] Benz, E., & Trück, S., Modeling the Price Dynamics of CO_2 Emission Allowances [J]. *Energy Economics*, Vol. 31, No. 1, 2009, pp. 4 – 15.

[99] Boersen, A., & Scholtens, B., The Relationship between European Electricity Markets and Emission Allowance Futures Prices in Phase II of the EU (European Union) Emission Trading Scheme [J]. *Energy*, Vol. 34, 2014, pp. 585 – 594.

[100] Bollerslev, T., Generalized Autoregressive Conditional Heteroscedasticity [J]. *Journal of Econometrics*, Vol. 31, No. 3, 1986, pp. 307 – 327.

[101] Bredin, D., & Muckley, C., An Emerging Equilibrium in the EU Emissions Trading Scheme [J]. *Energy Economics*, Vol. 33, No. 2, 2011, pp. 353 – 362.

[102] Brooks, C., Burke, S. P., Heravi, S., & Persand, G., Autoregressive Conditional Kurtosis [J]. *Journal of Financial Econometrics*, Vol. 3, No. 3, 2005, pp. 399 – 421.

[103] Burtraw, D., & McCormack, K., Consignment Auctions of Free Emissions Allowances [J]. *Energy Policy*, Vol. 107, 2017, pp. 337 – 344.

[104] Chang, K., & Ye, Z. F., Volatility Spillover Effect and Dynamic Correlation between Regional Emissions Allowances and Fossil Energy Markets: New Evidence from China's Emissions Trading Scheme Pilots [J]. *Energy*, Vol. 185, 2019, pp. 1314 – 1324.

[105] Chang, K., & Zhang, C., Asymmetric Dependence Structure between Emissions Allowances and Wholesale Diesel/Gasoline Prices in Emerging China's Emissions Trading Scheme Pilots [J]. *Energy*, Vol. 164, 2018, pp. 124 – 136.

[106] Chang, K., Peia, P., Zhang, C., & Wu, X., Exploring the Price Dynamics of CO_2 Emissions Allowances in China's Emissions Trading Scheme Pilots [J]. *Energy Economics*, Vol. 67, No. 1, 2017, pp. 213 – 223.

[107] Chevallier, J., Carbon Futures and Macroeconomic Risk Factors: A View from the EU ETS [J]. *Energy Economics*, Vol. 31, No. 4, 2009, pp. 614 – 625.

[108] Chevallier, J., Evaluating the Carbon – macroeconomy Relationship: Evidence from Threshold Vector Error – correction and Markov – switching VAR Models [J]. *Economic Modelling*, Vol. 28, No. 6, 2011, pp. 2634 – 2656.

[109] Christiansen, A. C., Arvanitakis, A., Tangen, K., & Hasselknippe, H., Price Determinants in the EU Emissions Trading Scheme [J]. *Climate Policy*, Vol. 5, No. 1, 2005, pp. 15 – 30.

[110] Christoffersen, P. F., Evaluating Interval Forecasts [J]. *International Economics Review*, Vol. 39, No. 4, 1998, pp. 841 – 862.

[111] Coase, R. H., The Problem of Social Cost [J]. *The Journal of Law and Economics*, Vol. 56, No. 3, 1960, pp. 1 – 44.

[112] Cong, R. G., & Wei, Y. M., Potential Impact of (CET) Carbon Emissions Trading on China's Power Sector: A Perspective from Different Allowance Allocation Options [J]. *Energy*, Vol. 35, No. 9, 2010, pp. 3921 – 3931.

[113] Cong, R. G., & Wei, Y. M., Experimental Comparison of Impact of Auction Format on Carbon Allowance Market [J]. *Renewable and Sustainable Energy Reviews*, Vol. 16, No. 6, 2012, pp. 4148 – 4156.

[114] Conrad, J., Dittmar, R. F., & Ghysels, E., Ex Ante Skewness and Expected Stock Returns

[J] . *Journal of Finance*, Vol. 68, No. 1, 2013, pp. 85 – 124.

[115] Convery, F. J., & Redmond, L., Market and Price Developments in the European Union Emissions Trading Scheme [J] . *Review of Environmental Economics and Policy*, Vol. 1, No. 1, 2007, pp. 88 – 111.

[116] Creti, A., Jouvet, P. A., & Mignon, V., Carbon Price Drivers: Phase I versus Phase II Equilibrium? [J] . *Energy Economics*, Vol. 34, No. 1, 2012, pp. 327 – 334.

[117] Dales., *Pollution, Property and Prices: An Essay in Policy – making and Economics* [J] . Toronto: University of Toronto Press, 1968.

[118] Dark, J. G., Estimation of Time Varying Skewness and Kurtosis with An Application to Value – at – Risk [J] . *Studies in Nonlinear Dynamics and Econometrics*, Vol. 14, No. 3, 2010, pp. 1 – 38.

[119] Daskalakis, G., & Markellos, R. N., Are the European Carbon Markets Efficient? [J] . *Review of Futures Markets*, Vol. 17, No. 2, 2008, pp. 103 – 128.

[120] Daskalakis, G., Psychoyios, D., & Markellos, R. N., Modeling CO_2 Emission Allowance Prices and Derivatives: Evidence from the European Trading Scheme [J] . *Journal of Banking and Finance*, Vol. 33, No. 7, 2009, pp. 1230 – 1241.

[121] Declercq, B., Delarue, E., & Haeseleer, W. D., Impact of the Economic Recession on the European Power Sector's CO_2 Emissions [J] . *Energy Policy*, Vol. 39, No. 3, 2011, pp. 1677 – 1686.

[122] Deeney, P., Cummins, M., Dowling, M., & Smeaton, A. F., Influences from the European Parliament on EU Emissions Prices [J] . *Energy Policy*, Vol. 88, 2016, pp. 561 – 572.

[123] DeMenezes, L. M., Houllier, M. A., & Tamvakis, M., Time – varying Convergence in European Electricity Spot Markets and Their Association with Carbon and Fuel Prices [J] . *Energy Policy*, Vol. 88, 2016, pp. 613 – 627.

[124] Dewees, D. N., Pollution and the Price of Power [J] . *Energy Journal*, Vol. 29, No. 2, 2008, pp. 81 – 100.

[125] Dormady, N. C., Carbon Auctions, Energy Markets & Market Power: An Experimental Analysis [J] . *Energy Economics*, Vol. 44, 2014, pp. 468 – 482.

[126] Dormady, N., & Healy, P. J., The Consignment Mechanism in Carbon Markets: A Laboratory Investigation [J] . *Journal of Commodity Markets*, Vol. 14, 2019, pp. 51 – 65.

[127] Ellerman, A. D., & Buchner, B. K., Over – allocation or Abatement? A Preliminary Analysis of the EU ETS Based on the 2005 – 06 Emissions Data [J] . *Environmental and Resource Economics*, Vol. 41, No. 2, 2008, pp. 267 – 287.

[128] Engle, R. F., Autoregressive Conditional Heteroscedasticity with Estimates of the Variance of United Kingdom Inflation [J] . *Econometrica*, Vol. 54, No. 4, 1982, pp. 987 – 1007.

[129] Ergün, A. T., & Jun, J., Time – varying Higher – order Conditional Moments and Forecasting Intraday VaR and Expected Shortfall [J] . *The Quarterly Review of Economics and Finance*, Vol. 50, No. 3, 2010, pp. 264 – 272.

[130] Fabra, N., & Reguant, M., Pass – through of Emissions Costs in Electricity Markets [J] . *American Economic Review*, Vol. 104, No. 9, 2014, pp. 2872 – 2899.

[131] Fan, Y., Wu, J., Xia, Y., et al. How will a nationwide carbon market affect regional economies and efficiency of CO_2 emission reduction in China? [J] . *China Economic Review*, Vol. 38, No. 4,

2016, pp. 151 – 166.

[132] Fang, S., & Egan, P., Measuring Contagion Effects between Crude Oil and Chinese Stock Market Sectors [J]. *The Quarterly Review of Economics and Finance*, Vol. 68, 2018, pp. 31 – 38.

[133] Fell, H., Burtraw, D., Morgenstern, R. D., & Palmer, K. L., Soft and Hard Price Collars in A Cap – and – trade System: A Comparative Analysis [J]. *Journal of Environmental Economics and Management*, Vol. 64, No. 2, 2012, pp. 183 – 198.

[134] Fell, H., Burtraw, D., Morgenstern, R. D., & Palmer, K. L., An Experimental Investigation of Hard and Soft Price Ceilings in Emissions Permit Markets [J]. *Environmental and Resource Economics*, Vol. 63, No. 4, 2016, pp. 703 – 718.

[135] Feng, Z., Wei, Y., & Wang, K., Estimating Risk for the Carbon Market via Extreme Value Theory: An Empirical Analysis of the EU ETS [J]. *Applied Energy*, Vol. 99, 2012, pp. 97 – 108.

[136] Feng, Z., Zou, L., & Wei, Y., Carbon Price Volatility: Evidence from EU ETS [J]. *Applied Energy*, Vol. 88, No. 3, 2011, pp. 590 – 598.

[137] Forbes, K. J., & Rigobon, R., No Contagion, Only Interdependence: Measuring Stock Market Co – movements? [J]. *Journal of Finance*, Vol. 57, No. 5, 2002, pp. 2223 – 2261.

[138] Frunza, E. P. M. C., & Guegan, D., Derivative Pricing and Hedging on Carbon Market [R]. *CES Working Paper*, 2010.

[139] Fry – Mckibbin, R. A., & Hsiao, Y. L., Extremal Dependence Tests for Contagion [J]. *Econometric Reviews*, Vol. 37, No. 6, 2018, pp. 626 – 649.

[140] Fry – Mckibbin, R. A., Martin, V. L., & Tang, C., A New Class of Tests of Contagion with Applications [J]. *Journal of Business and Economic Statistics*, Vol. 28, No. 3, 2010, pp. 423 – 437.

[141] Fullerton, D., & Metcalf, G. E., Environmental Controls, Scarcity rents, and Pre – existing Distortions [J]. *Journal of Public Economics*, Vol. 80, No. 2, 2001, pp. 249 – 267.

[142] Glosten, L. R., Jagannathan, R., & Runkle, D. E., On the Relation between the Expected Value and the Volatility of the Nominal Excess Return of Stocks [J]. *Journal of Finance*, Vol. 48, No. 5, 1993, pp. 1779 – 1801.

[143] Gordon, Y. N., Day – of – the – week Effect on Skewness and Kurtosis: A Direct Test and Portfolio Effect [J]. *The European Journal of Finance*, Vol. 2, No. 4, 1996, pp. 333 – 351.

[144] Goulder, L. H., Hafstead, M. A. C., & Dworsky, M., Impacts of Alternative Emissions Allowance Allocation Methods under A Federal Cap – and – trade Program [J]. *Journal of Environmental Economics and Management*, Vol. 60, No. 3, 2010, pp. 161 – 181.

[145] Gronwald, M., Ketterer, J., & Trück, S., The Dependence Structure between Carbon Emission Allowances and Financial Markets [R]. *CESifo Working Paper*, No. 3418, 2010.

[146] Guidolin, M., Hansen, E., & Pedio, M., Cross – asset Contagion in the Financial Crisis: A Bayesian Time – varying Parameter Approach [J]. *Journal of Financial Markets*, Vol. 45, 2019, pp. 83 – 114.

[147] Hammoudeh, S., Nguyen, D. K., & Sousa, R. M., Energy Prices and CO_2 Emission Allowance Prices: A Quantile Regression Approach [J]. *Energy Policy*, Vol. 70, 2014, pp. 201 – 206.

[148] Hansen, B. E., Autoregressive Conditional Density Estimation [J]. *International Economic Review*, Vol. 35, 1994, pp. 705 – 730.

[149] Hansen, P. R., & Lunde, A., A Forecast Comparison of Volatility Models: Does Anything Beat A GARCH (1, 1)? [J]. *Journal of Applied Econometrics*, Vol. 20, 2005, pp. 873 - 889.

[150] Hansen, P. R., & Lunde, A., Consistent Ranking of Volatility Models [J]. *Journal of Econometrics*, Vol. 31, 2006, pp. 97 - 121.

[151] Harvey, C. R., Autoregressive Conditional Skewness [J]. *Journal of Financial and Quantitative Analysis*, Vol. 34, No. 4, 1999, pp. 465 - 487.

[152] Henriques, I., & Sadorsky, P., Oil Price and the Stock Prices of Alternative Energy Companies [J]. *Energy Economics*, Vol. 30, No. 3, 2008, pp. 998 - 1010.

[153] Hintermann, B., Allowance Price Drivers in the First Phase of the EU ETS [J]. *Journal of Environmental Economics and Management*, Vol. 59, No. 1, 2012, pp. 43 - 56.

[154] Hitzemann, S., Uhrig - homburg, M., & Ehrhart, K. M., The Impact of the Yearly Emissions Announcement on CO_2 Prices: An Event Study [J]. *Information Management and Market Engineering*, Vol. 2, 2010, pp. 77 - 92.

[155] Holt, C., & Shobe, W., Price and Quantity Collars for Stabilizing Emission Allowance Prices: Laboratory Experiments on the EU ETS Market Stability Reserve [J]. *Journal of Environmental Economics and Management*, Vol. 80, 2016, pp. 69 - 86.

[156] Hübler, M., Voigt, S., & Löschel, A., Designing an Emissions Trading Scheme for China: An Up - to - date Climate Policy Assessment [J]. *Energy Policy*, Vol. 75, 2014, pp. 57 - 72.

[157] Huang, Z., Liang, F., Wang, T., & Li, C., Modeling Dynamic Higher Moments of Crude Oil Futures [J]. *Finance Research Letters*, Vol. 39, 2021, pp. 1 - 5.

[158] Huang, Z., Tong, C., & Wang, T., VIX Term Structure and VIX Futures Pricing with Realized Volatility [J]. *Journal of Futures Markets*, Vol. 39, No. 1, 2019, pp. 72 - 93.

[159] Hwang, S., & Satchell, S., Modeling Emerging Market Risk Premia Using Higher Moments [J]. *International Journal of Finance and Economics*, Vol. 4, No. 4, 1999, pp. 271 - 296.

[160] Jensen, J., & Rasmussen, T. N., Allocation of CO_2 Emissions Permits: A General Equilibrium Analysis of Policy Instruments [J]. *Journal of Environmental Economics and Management*, Vol. 40, No. 2, 2000, pp. 111 - 136.

[161] Jia, J. J., Xu, J. H., & Fan, Y., The Impact of Verified Emissions Announcements on the European Union Emissions Trading Scheme: A Bilaterally Modified Dummy Variable Modelling Analysis [J]. *Applied Energy*, Vol. 173, 2016, pp. 567 - 577.

[162] Johansen, S., Statistical Analysis of Cointegrating Vectors [J]. *Journal of Economic Dynamics and Control*, Vol. 12, 1988, pp. 231 - 254.

[163] Johansen, S., Estimation and Hypothesis Testing of Cointegrating Vectors in Gaussian Vector Autoregressive Models [J]. *Econometrica*, Vol. 59, 1991, pp. 1551 - 1580.

[164] Jondeau, E., & Rockinger, M., Conditional Volatility, Skewness, and Kurtosis: Existence, Persistence, and Co - movements [J]. *Journal of Economic Dynamics and Control*, Vol. 27, No. 10, 2003, pp. 1699 - 1737.

[165] Jotzo, F., Karplus, V., Grubb, M., & Lschel, A., China's Emissions Trading Takes Steps Towards Big Ambitions [J]. *Nature Climate Change*, Vol. 8, No. 4, 2018, pp. 265 - 267.

[166] Kanen, J. L., *Carbon Trading and Pricing* [M]. London: Environmental Finance Publica-

tions, 2006.

[167] Keppler, J. H., & Mansanet - Bataller, M., Causalities between CO_2, Electricity, and Other Energy Variables During Phase I and Phase II of the EU ETS [J]. *Energy Policy*, Vol. 38, No. 7, 2010, pp. 3329 - 3341.

[168] Khezr, P., & MacKenzie I. A., Consignment Auctions [J]. *Journal of Environmental Economics and Management*, Vol. 87, 2018, pp. 42 - 51.

[169] Kim, H. S., & Koo, W. W., Factors Affecting the Carbon Allowance Market in the US [J]. *Energy Policy*, Vol. 38, No. 4, 2010, pp. 1879 - 1884.

[170] King, M., & Wadhwani, S., Transmission of Volatility between Stock Markets [J]. *Review of Financial Studies*, Vol. 3, No. 1, 1990, pp. 5 - 33.

[171] Kostas, A., Emilios, G., & Spyros, S., Contagion, Volatility Persistence and Volatility Spillovers: The Case of Energy Markets During the European Financial Crisis [J]. *Energy Economics*, Vol. 66, 2017, pp. 217 - 227.

[172] Koch N., Fuss, S., Grosjean, G., et al. Causes of the EU ETS price drop: Recession, CDM, renewable policies or a bit of everything? —New evidence [J]. *Energy Policy*, Vol. 73, 2014, pp. 676 - 685.

[173] Kraus, A., & Litzenberger, R. H., Skewness Preference and the Valuation of Risk Assets [J]. *Journal of Finance*, Vol. 31, No. 4, 1976, pp. 1085 - 1100.

[174] Kumar, S., Managi, S., & Matsuda, A., Stock Prices of Clean Energy Companies, Oil and Carbon Markets: A Vector Autoregressive Analysis [J]. *Energy Economics*, Vol. 34, No. 1, 2012, pp. 215 - 226.

[175] Kupiec, P. H., Techniques for Verifying the Accuracy of Risk Measurement Models [J]. *Journal of Derivatives*, Vol. 3, No. 2, 1995, pp. 73 - 84.

[176] Lanne, M., & Pentti, S., Modelling Conditional Skewness in Stock Returns [J]. *European Journal of Finance*, Vol. 13, 2007, pp. 691 - 704.

[177] Lehkonen, H., & Heimonen, K., Timescale - dependent Stock Market Comovement: BRICs vs. Developed Markets [J]. *Journal of Empirical Finance*, Vol. 28, No. 9, 2014, pp. 90 - 103.

[178] Lennar, T. H., & Herman, K., Bayesian Forecasting of Value at Risk and Expected Shortfall Using Adaptive Importance Sampling [J]. *International Journal of Forecasting*, Vol. 26, No. 2, 2010, pp. 231 - 247.

[179] Leon, A., Rubio, G., & Serna, G., Autoregressive Conditional Volatility, Skewness and Kurtosis [J]. *The Quarterly Review of Economics and Finance*, Vol. 45, No. 5, 2005, pp. 599 - 618.

[180] Lepone, A., Rahman, R. T., & Yang, J. Y., The Impact of European Union Emissions Trading Scheme (EU ETS) National Allocation Plans (NAP) on Carbon Markets [J]. *Low Carbon Economy*, Vol. 2, No. 2, 2011, pp. 71 - 90.

[181] Levy, H., A Utility Function Depending on the First Three Moments [J]. *Journal of Finance*, Vol. 24, 1969, pp. 715 - 719.

[182] Li, H., Jeon, B. N., Cho, S. Y., & Chiang, T. C., The Impact of Sovereign Rating Changes and Financial Contagion on Stock Market Returns: Evidence from Five Asian Countries [J]. *Global Finance Journal*, Vol. 19, No. 1, 2008, pp. 46 - 55.

[183] Li, W., Zhang, Y, W., Lu, C. The impact on electric power industry under the implementation of national carbon trading market in China: A dynamic CGE analysis [J]. *Journal of Cleaner Production*, Vol. 200, 2018, pp. 511 - 523.

[184] Lim, K. G., A New Test of the Three - moment Capital Asset Pricing Model [J]. *Journal of Financial and Quantitative Analysis*, Vol. 24, 1989, pp. 205 - 216.

[185] Lin, C. H., Changchien, C. C., Kao, T. C., & Kao, W. S., High - order Moments and Extreme Value Approach for Value - at - Risk [J]. *Journal of Empirical Finance*, Vol. 29, 2014, pp. 421 - 434.

[186] Koch, N., Grosjean, G., Fuss, S., & Edenhofer, O., Politics matters: Regulatory Events as Catalysts for Price Formation under Cap - and - trade [J]. *Journal of Environmental Economics and Management*, Vol. 78, 2016, pp. 121 - 139.

[187] Lin, B. Q., &Chen Y., Dynamic Linkages and Spillover Effects between CET Market, Coal Market and Stock Market of New Energy Companies: A Case of Beijing CET Market in China [J]. *Energy*, Vol. 172, 2019, pp. 1198 - 1210.

[188] Louzis, D. P., Xanthopoulos - Sisinis, S., & Refenes, A. P., Realized Volatility Models and Alternative Value - at - Risk Prediction Strategies [J]. *Economic Modelling*, Vol. 40, 2014, pp. 101 - 116.

[189] Lyu, Y. J., Wang, P., Wei, Y., & Ke, R., Forecasting the VaR of Crude Oil Market: Do Alternative Distributions Help? [J]. *Energy Economics*, Vol. 66, 2017, pp. 523 - 534.

[190] Mansanet - Bataller, M., Chevallier, J., Hervé - Mignucci, M., & Alberola, E., EUA and sCER Phase II Price Drivers: Unveiling the Reasons for the Existence of the EUA - sCER Spread [J]. *Energy Policy*, Vol. 39, No. 3, 2011, pp. 1056 - 1069.

[191] Mansanet - Bataller, M., & Pardo, A., Impacts of Regulatory Announcements on CO_2 Prices [J]. *The Journal of Energy Markets*, Vol. 2, No. 2, 2009, pp. 75 - 107.

[192] Mansanet - Bataller, M., Pardo, A., & Valor, E., CO_2 Prices, Energy and Weather [J]. *The Energy Journal*, Vol. 28, No. 3, 2007, pp. 67 - 86.

[193] Marimoutou, V., & Soury, M., Energy Markets and CO_2 Emissions: Analysis by Stochastic Copula Autoregressive Model [J]. *Energy*, Vol. 88, 2015, pp. 417 - 429.

[194] Markowitz, H., Portfolio Selection [J]. *Journal of Finance*, Vol. 7, 1952, pp. 77 - 91.

[195] McNeil, A., & Frey, R., Estimation of Tail - related Risk Measures for Heteroscedastic Financial Time Series, An Extreme Value Approach [J]. *Journal of Empirical Finance*, Vol. 7, No. 4, 2000, pp. 271 - 300.

[196] Mensi, W., Hammoudeh, S., Sensoy, A., & Kang, S. H., Dynamics Risk Spillovers between Gold, Oil Prices and Conventional, Sustainability and Islamic Equity Aggregates and Sectors with Portfolio Implications [J]. *Energy Economics*, Vol. 67, 2017, pp. 454 - 475.

[197] Mensi, W., Hammoudeh, S., Shahzad S. J. H., & Shahbaz, M., Modeling Systemic Risk and Dependence Structure between Oil and Stock Markets Using A Variational Mode Decomposition - based Copula Method [J]. *Journal of Banking and Finance*, Vol. 75, 2017, pp. 258 - 279.

[198] Meunier, G., Montero, J. P., & Ponssard, J. P., Output - based Allocations in Pollution Markets with Uncertainty and Self - selection [J]. *Journal of Environmental Economics and Management*, Vol. 92, 2018, pp. 832 - 851.

[199] Montagnoli, A., & De Vries, F. P., Carbon Trading Thickness and Market Efficiency [J]. *Energy Economics*, Vol. 32, No. 6, 2010, pp. 1331 – 1336.

[200] Montgomery, W. D., Markets in Licenses and Efficient Pollution Control Programs [J]. *Journal of Economic Theory*, Vol. 5, No. 3, 1972, pp. 395 – 418.

[201] Oberndorfer, U., EU Emission Allowances and the Stock Market: Evidence from the Electricity Industry [J]. *Ecological Economics*, Vol. 68, No. 4, 2009, pp. 1116 – 1126.

[202] Paolella, M. S., & Taschini, L., An Econometric Analysis of Emission Trading Allowances [J]. *Journal of Banking and Finance*, Vol. 32, No. 10, 2008, pp. 2022 – 2032.

[203] Parsons, J. E., Ellerman, A. D., & Feilhauer, S., Designing A US Market for CO_2 [J]. *Journal of Applied Corporate Finance*, Vol. 21, No. 1, 2009, pp. 79 – 86.

[204] Perkis, D. F., Cason T. N., & Tyner, W. E. An Experimental Investigation of Hard and Soft Price Ceilings in Emissions Permit Markets [J]. *Environmental and Resource Economics*, Vol. 63, No. 4, 2016, pp. 703 – 718.

[205] Quirion, P., Historic versus Output – based Allocation of GHG Tradable Allowances: A Comparison [J]. *Climate Policy*, Vol. 9, No. 6, 2009, pp. 575 – 592.

[206] Reboredo, J. C., Rivera – Castro, & M. A., Ugolini, A., Wavelet – based Test of Comovement and Causality between Oil and Renewable Energy Stock Prices [J]. *Energy Economics*, Vol. 61, 2017, pp. 241 – 252.

[207] Reboredo, J. C., & Ugando, M., Downside Risks in EU Carbon and Fossil Fuel Markets [J]. *Mathematics and Computers in Simulation*, Vol. 111, 2015, pp. 17 – 35.

[208] Ren, C., & Lo, A. Y., Emission Trading and Carbon Market Performance in Shenzhen, China [J]. *Applied Energy*, Vol. 193, 2017, pp. 414 – 425.

[209] Richstein, J. C., Chappin, J. L., & De Vries, L. J., The Market (in –) Stability Reserve for EU Carbon Emission Trading: Why It Might Fail and How to Improve it [J]. *Utilities Policy*, Vol. 35, 2015, pp. 1 – 18.

[210] Rickels, W., Gorlichd, D., & Peterson, S., Explaining European Emission Allowance Price Dynamics: Evidence from Phase II [J]. *German Economic Review*, Vol. 16, No. 2, 2015, pp. 181 – 202.

[211] Rittler, D., Price Discovery and Volatility Spillovers in the European Union Emissions Trading Scheme: a High – frequency Analysis [J]. *Journal of Banking and Finance.* Vol. 36, No. 3, 2012, pp. 774 – 785.

[212] Robert, J. E., & Hong, Y. M., VaR and Excepted Shortfall: A Non – normal Regime Switching Framework [J]. *Quantitative Finance*, Vol. 9, No. 6, 2009, pp. 747 – 755.

[213] Sadorsky, P., Correlation and Volatility Spillovers between Oil Prices and the Stock Prices of Clean Energy and Technology Companies [J]. *Energy Economics*, Vol. 34, 2012, pp. 248 – 255.

[214] Samulson, P., The Fundamental Approximation of Theorem of Portfolio Analysis in Terms of Means, Variance and Higher Moments [J]. *Review of Economic Studies*, Vol. 37, 1970, pp. 537 – 542.

[215] Sanin, M., E., Violante, F., & Mansanet – Bataller, M., Understanding Volatility Dynamics in the EU – ETS Market [J]. *Energy Policy*, Vol. 82, 2015, pp. 321 – 331.

[216] Schmidt, R. C., & Heitzig, J., Carbon leakage: Grandfathering as an Incentive Device to Avert Firm Relocation [J]. *Journal of Environmental Economics and Management*, Vol. 67, No. 2, 2014, pp.

209 – 223.

[217] Seifert, J., Uhrig – Homburg, M., & Wagner, M., Dynamic Behavior of CO_2 Spot Prices [J]. *Journal of Environmental Economics and Management*, Vol. 56, No. 2, 2008, pp. 180 – 194.

[218] Shen, J., Tang, P, C., Zeng, H. Does China's carbon emission trading reduce carbon emissions? Evidence from listed firms [J]. *Energy for Sustainable Development*, No. 59, 2020, pp. 120 – 129.

[219] Shobe, W., Holt, C., & Huetteman, T., Elements of Emission Market Design: An Experimental Analysis of California's Market for Greenhouse Gas Allowances [J]. *Journal of Economic Behavior and Organization*, Vol. 107, 2014, pp. 402 – 420.

[220] Sun, Q., & Yan, Y., Skewness Persistence with Optimal Portfolio Selection [J]. *Journal of Banking and Finance*, Vol. 27, 2003, pp. 1111 – 1121.

[221] Tang, L., Wu, J., Yu, L., & Bao, Q., Carbon Allowance Auction Design of China's Emissions Trading Scheme: A Multi – agent – based Approach [J]. *Energy Policy*, Vol. 102, 2017, pp. 30 – 40.

[222] Wang, M., & Zhou, P., Does Emission Permit Allocation Affect CO_2 Cost Pass – through? A Theoretical Analysis [J]. *Energy Economics*, Vol. 66, 2017, pp. 140 – 146.

[223] Wang, Y. D., & Guo, Z. Y., The Dynamic Spillover between Carbon and Energy Markets: New Evidence [J]. *Energy*, Vol. 149, 2018, pp. 24 – 33.

[224] Wen, X., Wei, Y., & Huang, D., Measuring Contagion between Energy Market and Stock Market During Financial Crisis: A Copula Approach [J]. *Energy Economics*, Vol. 34, 2012, pp. 1435 – 1446.

[225] Wu, J., Fan, Y., & Xia, Y., The Economic Effects of Initial Quota Allocations on Carbon Emissions Trading in China [J]. *The Energy Journal*, Vol. 37, No. SI1, 2016, pp. 129 – 151.

[226] Yang, B. C., Liu, C. Z., Gou, Z. H, & Man, J. C., How Will Policies of China's CO_2 ETS Affect Its Carbon Price: Evidence from Chinese Pilot Regions [J]. *Sustainability*, Vol. 10, No. 3, 2018, p. 605.

[227] Yang, Z., & Zhou, Y., Quantitative Easing and Volatility Spillovers Across Countries and Asset Classes [J]. *Management Science*, Vol. 63, No. 2, 2016, pp. 333 – 354.

[228] Youa, L., & Nguyenb, D., Higher Order Moment Risk in Efficient Futures Portfolios [J]. *Journal of Economics and Business*, Vol. 65, No. 9, 2013, pp. 33 – 54.

[229] Zeng, S. H., Nan, X., Chao, L., & Chen, J. Y., The Response of the Beijing Carbon Emissions Allowance Price (BJC) to Macroeconomic and Energy Price Indices [J]. *Energy Policy*, Vol. 106, 2017, pp. 111 – 121.

[230] Zevallos, O. A. M., Assessing Stock Market Dependence and Contagion [J]. *Quantitative Finance*, Vol. 14, No. 19, 2014, pp. 1627 – 1641.

[231] Zhang, D., Karplus, V. J., Cassisa, C., & Zhang, X., Emissions Trading in China: Progress and Prospects [J]. *Energy Policy*, Vol. 75, 2014, pp. 9 – 16.

[232] Zhang, B., & Li, X. M., Has There Been Any Change in the Comovement between the Chinese and US Stock Markets? [J]. *International Review of Economics and Finance*, Vol. 29, No. 1, 2014, pp. 525 – 536.

[233] Zhang, C., Yang, Y., & Yun, P., Risk Measurement of International Carbon Market Based on Multiple Risk Factors Heterogeneous Dependence [J]. *Finance Research Letters*, Vol. 32, 2020, pp. 1 – 10.

[234] Zhang, Y. J., & Sun, Y. F., The Dynamic Volatility Spillover between European Carbon

Trading Market and Fossil Energy Market [J]. *Journal of Cleaner Production*, Vol. 112, 2016, pp. 2654 – 2663.

[235] Zhang, Y. J., Wang, A. D., & Tan, W. P., The Impact of China's Carbon Allowance Allocation Rules on the Product Prices and Emission Reduction Behaviors of ETS – covered Enterprises [J]. *Energy Policy*, Vol. 86, 2015, pp. 176 – 185.

[236] Zhang, Y, F., Li, S., Luo, T, Y., et al. The effect of emission trading policy on carbon emission reduction: Evidence from an integrated study of pilot regions in China [J]. *Journal of Cleaner Production*, Vol. 265, 2020, pp. 121 – 143.

[237] Zhou, P., & Wang, M., Carbon Dioxide Emissions Allocation: A Review [J]. *Ecological Economics*, Vol. 125, 2016, pp. 47 – 59.